SHENHAI GONGCHENG JIEGOU
DIJI SHIWEN JILI JI PINGJIA FANGFA

深海工程结构
地基失稳机理及评价方法

武 科 王广月 李国栋 范庆来 郝冬雪 金 丹 张西文 著

中国电力出版社
CHINA ELECTRIC POWER PRESS

内 容 提 要

本文作者采用数值仿真试验方法，建立吸力式桶形基础与海床地基整体模型，研究地震波加载全过程中海床砂土地基的孔隙水压力升降规律，揭示吸力式桶形基础影响饱和砂土抗液化性能的作用机制；研究不同的循环单向力作用时吸力式桶形基础的承载特性，提出桶体达极限承载状态时的取值标准；揭示不同复合循环加载条件下吸力式桶形基础失稳破坏的机理，研究吸力式桶形基础在不同长径比情况下破坏包络面的差异性；提出砂土中几何尺寸对螺旋锚基础上拔承载特性的影响，并推求得到了螺旋锚基础的抗拔承载力计算公式。通过对海洋环境条件作用下深海工程结构稳定性的基础理论研究与评价分析，对于保障我国的深海资源开发工作平台建设与安全运营及长远发展具有重要的战略意义。

本书在地质灾害分析、数值计算理论、风险分析与评估、工程建设等多方面的介绍具有独到之处，揭示了海洋恶劣环境下吸力式桶形基础的失稳破坏机理与评价方法，为该方向的研究者提供了理论基础与新施工技术。

本书适用于从事海洋工程设计、施工、监理、研究等领域教学、科研与开发的教师、学生、研发人员等广大读者。

图书在版编目（CIP）数据

深海工程结构地基失稳机理及评价方法/武科等著 . —北京：中国电力出版社，2020.11
ISBN 978 - 7 - 5198 - 4969 - 6

Ⅰ.①深… Ⅱ.①武… Ⅲ.①深海－海洋工程－工程结构－地基－研究 Ⅳ.①P751

中国版本图书馆 CIP 数据核字（2020）第 178380 号

出版发行：中国电力出版社
地　　址：北京市东城区北京站西街 19 号（邮政编码 100005）
网　　址：http://www.cepp.sgcc.com.cn
责任编辑：王晓蕾（010 - 63412610）
责任校对：黄　蓓　常燕昆
装帧设计：赵姗姗
责任印制：杨晓东

印　　刷：北京雁林吉兆印刷有限公司
版　　次：2020 年 11 月第一版
印　　次：2020 年 11 月北京第一次印刷
开　　本：787 毫米×1092 毫米　16 开本
印　　张：7.75
字　　数：203 千字
定　　价：48.00 元

前　　言

当今世界主要依靠石油、煤炭等传统能源，但煤炭作为能源被广泛使用已有上千年，石油开采也有近一百六十多年的历史。石油、煤炭等能源属于不可再生资源，不仅存储量有限，而且使用时会严重污染环境。进入 21 世纪以来，人们逐渐意识到能源短缺会对当下及未来的发展造成极大的制约。然而，总面积约为 3.6 亿平方千米（约占地球表面积的 71％）的海洋，蕴藏着丰富的资源。与陆地资源开发不同，海洋资源开发首先必须克服海洋环境（海水、海浪、海流、风暴、软弱地基等）对工程实践带来的各种潜在影响。工程实践表明，深海工程灾难性事件，如平台倾覆、断裂泄漏、失控漂移及碰撞等，往往在极端海洋环境条件（如台风、内波、畸形波等）下发生。因此，如何高效、可持续地开发深海资源，并保护我国沿海环境，保障我国深海资源安全，维护国家海洋资源权益，已经成为我们海洋工程亟待解决的重大问题。通过对海洋环境条件作用下深海工程结构稳定性的基础理论研究与评价分析，对于保障我国的深海资源开发工作平台建设与安全运营及长远发展具有重要的战略意义。

为此，本书作者采用数值仿真试验方法，建立吸力式桶形基础与海床地基整体模型，研究地震波加载全过程中海床砂土地基的孔隙水压力升降规律，揭示吸力式桶形基础影响饱和砂土抗液化性能的作用机制；研究不同的循环单向力作用时吸力式桶形基础的承载特性，提出桶体达极限承载状态时的取值标准；揭示不同复合循环加载条件下吸力式桶形基础失稳破坏的机理，研究吸力式桶形基础在不同长径比情况下破坏包络面的差异性；提出砂土中几何尺寸对螺旋锚基础上拔承载特性的影响，并推求得到了螺旋锚基础的抗拔承载力计算公式。为工程稳定性及地层控制效果的评价提供理论依据，为同类工程提供参考和奠定理论基础。

感谢硕士研究生王景琪、罗浩天、厉雅萌在本书数值计算与试验方面所做的工作。

由于作者水平所限，书中错误和不妥之处在所难免，敬请读者提出宝贵意见。

著者
2020 年 8 月

目　　录

第1章 概　　述

1.1 研　究　意　义

当今世界主要依靠石油、煤炭等传统能源，但煤炭作为能源被广泛使用已有上千年，石油开采也有一百六十多年的历史。石油、煤炭等能源属于不可再生资源，不仅存储量有限，而且使用时会严重污染环境。进入 21 世纪以来，人们逐渐意识到能源短缺会对当下及未来的发展造成极大的制约。然而，总面积约为 3.6 亿平方千米（约占地球表面积的 71%）的海洋，蕴藏着丰富的资源。党中央、国务院高度重视海洋事业的发展。2013 年 7 月 30 日在中共中央政治局就建设海洋强国进行第八次集体学习时，习近平同志指出："21 世纪，人类进入了大规模开发利用海洋的时期。海洋在国家经济发展格局和对外开放中的作用更加重要，在维护国家主权、安全、发展利益中的地位更加突出，在国家生态文明建设中的角色更加显著，在国际政治、经济、军事、科技竞争中的战略地位也明显上升。"我国是一个陆海兼备的发展中大国，建设海洋强国是全面建设社会主义现代化强国的重要组成部分。当前，中国经济已发展成为高度依赖海洋的外向型经济，对海洋资源、空间的依赖程度大幅提高，在管辖海域外的海洋权益也需要不断加以维护和拓展。这些都需要通过建设海洋强国加以保障。

与此同时，世界深水区域已探明储量达 440 亿桶油当量，未发现的潜在资源量大约有 1000 亿桶油当量。根据专业部门分析，2001～2007 年全世界投入的海洋油气开发项目达到 434 个，其中水深大于 500m 的深水项目占到 48%，水深大于 1200m 的超深水项目达到 22%。到 2010 年，全球深水区投产油气田的储量将达到 273 亿桶油和 6 万亿 m^3 天然气。深海油气勘探和开发需要先进的深海工程装备和技术，随着人类开发深水油气资源步伐的不断加快，与深水油田开发相关的工程技术成为世界范围科技创新和发展的热点领域。近年来，海洋油气深水钻井工作的水深纪录被快速刷新，最高达到 2953m，深水油气平台进入的工作水深已达 2100 多 m。各种创新理念和设计的深水油气开发平台、开发技术，像张力腿平台（TLP）、单立柱平台（SPAR）、半潜式平台（SEMI）和浮式生产存储系统（FPSO）等大型浮式结构，在深海工程中得到了广泛而有效的应用。

然而，与陆地资源开发不同，海洋资源开发首先必须克服海洋环境（海水、海浪、海流、风暴、软弱地基等）对工程实践带来的各种潜在影响。工程实践表明，深海工程灾难性事件，如平台倾覆、断裂泄漏、失控漂移及碰撞等，往往在极端海洋环境条件（如台风、内波、畸形波等）下发生。2010 年 9 月 7 日，东海海域的山东东营胜利油田作业 3 号平台发生倾斜 45°事故，该平台位于东营海岸 5 海里处，水深 7m，平台上 36 人遇险，其中 2 人落入水中，其余 34 人受困平台。2015 年 5 月，位于墨西哥坎佩切湾 Abkatun‐Pol‐Chuc 潜水油田的海上维护平台"Troll Solution"号因支架断裂发生倾塌，事故造成 2 名工人死亡。2018 年 12 月中旬，印度石油天然气公司运营的安得拉邦海岸外的一个石油钻井平台，由于登陆该邦的飓风的影响，已发生危险倾倒。另一方面，我国东南部沿海地带雨季台风多发，当台风来临时，海洋资源开采平台的基础结构将承受巨大海风、海浪的冲击。而我国东北部沿海地带纬度较高，冬季会遭受寒潮带来的大风、海冰的作用。排除海啸、重级地震等不可控极端荷载的影响，海洋资源开采平台的基础结构不仅要承受整个平台的自重与工作荷载，还要长期受到如海风、海流等环境带来的循环荷载的冲击，此外还有不定期的地震、流冰等动荷载的影响，若其承载性能不足将直接导致平台整体垮塌、结构破坏。我国东部近海地区大多属于饱和软黏土或饱和砂土，土体力学性能较弱。地震荷载等短期动荷载会引发土体液化，致使地基土失去承载力后整个风机结构物失稳后的倾覆破坏，风浪流等循环荷载的作用也会对海洋资源开采平台的基础结构在正常工作状态时的承载性能造成影响。因此，如何高效、可持续地开发深海资源，并保护我国的沿海环境，保障我国深海资源的安全，维护国家海洋资源的权益，已经成为我们海洋工程亟待解决的重大问题。通过对海洋环境条件作用下深海工程结构稳定性的基础理论研究与评价分析，对于保障我国的深海资源开发工作平台建设与安全运营及长远发展具有重要的战略意义。

1.2　国内外研究现状

1.2.1　深海工程结构地基失稳机理研究

海洋结构物的损坏主要有两种破坏模式，一种为结构物本身损坏，是由于波浪直接作用在结构物上，导致结构物失稳；另一种为基础承载力失效，是由于结构物周围海床的剪应力失效、冲刷和液化引起的，结果导致结构物整体倒塌，而不是由于其结构本身的损坏。例如，1976 年 10 月，经日本海的低气压引起大浪，新潟港在建的第二西防波堤部分破坏，沉箱向岸侧移动了四五米，向海侧倾移 20°。事故分析表明西防波堤被破坏的原因并非沉箱的滑移和倾覆，而是因为残余孔隙水压力的残留、积累，导致地基抗剪强度降低，产生了圆弧滑动破坏。2002 年 12 月初，在寒潮大浪的作用下，长江口二期工程北导堤已安装的 16 个半圆形沉箱发生了严重的滑移和沉陷破坏。地基土在波浪动荷载作用下的软化是导致沉陷破坏的主要原因，这样的工程实例还有很多。世界上 27% 的海洋油气开发平台翻沉是因地基破坏造成的，例如，1969 年米卡尔飓风导致墨西哥湾的三座平台地基破坏，平台全部倒塌，损失严重。另外，50% 的海洋油气管道破损与其地基失稳有直接关系。

液化引起的对海洋结构的破坏已经在文献中有大量记载。

迈尼特分析了波浪、饱和多孔弹性海床和矩形沉箱的相互作用，他应用线性波和边界层理论近似求解 Biot 固结方程；线性波浪场和多孔介质不能耦合，同时忽略了向岸的透射波。其他学者研究了复合式防波堤海床的响应，忽略了块石基床中由波浪引起的应力，以及块石基床对波浪场的影响。梅斯等建立了多孔弹性有限单元模型用以解决线性波作用下复合式防波堤的动力响应，他们认为沉箱基床底部的浮托力是由线性到非线性变化的。

杰恩研究了波浪、海床和海洋结构物（海底管线、防波堤）的相互作用。他们把基床和沉箱作为一个整体进行研究，并引入边界条件。其中，控制方程仍采用 Biot 固结理论，上部和顶部边界条件容易得到，但侧边界条件是解决问题的关键。有两种决定侧边界的方法：一种是解析方法，即把整个自由区域作为边界，这只适用于简单情形（简单波浪和简单海底土壤情况）；另一种是用数值模型直接计算侧边界。若没有波浪荷载，假定远离沉箱处没有孔隙水压力和土壤变形。在进行有限元分析时，梅斯等用有限差分对时间进行积分，而杰恩直接在时域中增加振荡形式，更符合实际情况。

由于宽肩掩埋式防波堤的存在引起了波浪变形和孔隙水压力的变化，对此 Mizutani 进行了试验和数值模拟，他用边界元和有限元方法（BEM - FEM）通过改良的 Navier - Stokes 方程耦合波浪场和多孔介质，BEM - FEM 模型假定波浪向岸传播，数值结果与试验基本吻合。穆斯塔法研究了波浪和带块石护脚的防波堤的非线性动力响应，他把 BEM - FEM 模型进行了扩展，在用 BEM - FEM 模型求得有效表面压力的前提下，用多孔弹性 FEM 模型求解 Biot 方程。Mizutani 用多孔弹性 FEM 模型研究了波浪 - 海床 - 潜堤的相互作用；穆斯塔法研究了波浪、混合式防波堤和有限厚度的砂质海床的非线性动力交互作用，数值结果与试验相吻合。

1.2.2 海洋液化地层破坏特征研究

液化的判别准则在岩土动力学方面的研究中一直存在着争议。马尔库庄在美国土木工程协会岩土工程分会动力学专业委员会对"液化"的定义是这样的："液化是使任何物质转化为液体状态的行为或者过程，就无黏性土来说，这是由固体状态向液态形态的转化时孔隙水压力增大和有效应力减小的结果"。松弛的砂土层由于地震动的作用会被振实，从而导致砂土层体积变小，如果土层处于不排水的状态，孔隙水压力必然要提高。在持续的地震动作用下，砂土层中的孔隙水压力增大到某一特定时刻，就会等于初始上覆盖的有效压力，在如此情况下，土层的有效应力就变为零，砂土层此时就不再具有抗剪强度或剪切刚度，导致土发生液化。土的液化现象是一种特殊的强度问题，液化不仅大量发生在饱和砂土中，同时也会发生在饱和粉土中。

卡萨格兰德第一个试图采用临界孔隙比的概念去解释饱和砂土的液化现象。他的研究出发点是饱和砂土在受剪的时候，密实的砂土体积会膨胀，而松散的砂土在相同的条件下体积却是在减小，因此，必然存在一种孔隙比，振动作用下砂土不发生体积变化，把这个孔隙比称之为临界孔隙比。如果砂土层的孔隙比大于临界孔隙比，在持续地震作用小，砂土层的体积由于振实而变小，如果在不排水的情况下，孔隙水压力的就会变大，砂土层就有可能发生液化。这一研究方法虽然在理论上有一定的道理，但是由于临界孔隙比的不确定性，它会随着有效的围压而改变，因此临界孔隙比的概念不足以分析砂土的液化趋势，而且动荷载引起的体积变化与单方向的静力荷载作用下体积变化是不同的。

多年以来，大量的室内和室外试验研究主要集中在孔隙水压力的上升和"初始液化"方面，锡德和李提出用孔压力值作为判别砂土是否液化的标准，同时提出了以后被大量引用研究的"初始液化"概念，他们把孔隙水压力达到有效围压的时候称为"初始液化"，即瞬时液化。从理论上讲，瞬时液化的发生不涉及随后土体可能产生的变形，只是评价随后土体行为的前提，但是如果液化发生在床面附近，那么在波浪的循环加载下重复液化可能会导致底床冲刷，严重的会带来离岸结构物的坍塌。从目前的研究结果来看，关于瞬时液化的判断准则大致分为以下三种：一是基于有效应力的概念，奥冴提出，当某一深度上的垂向有效应力大于上层土体的重量时，土体液化；二是基于超孔隙水压力的概念，泽恩和山崎认为，在土层中某一点，当上层土骨架的重量小于该点向上的渗透力时，土层液化；三是基于林等定义的液化参数（LF，深度为零时，孔隙水压力梯度与土的浮容重的比值），假定忽略水平剪应力和竖向提升力，当 LF 大于或等于 1 时，土体液化。

对于不同的土体情况，"液化"具有不同的含义。根据 Ishihara 的适用于无黏性土的定义：对于松散的砂土，（初始）液化是一种软化状态，在此过程中或随后突然产生无限大的变形，同时（几乎）完全失去强度，达到 100% 的孔隙水压力累积。对于中等致密到致密的砂土，也会产生软化状态（有限的液化，循环软化或循环位移），达到 100% 的孔隙水压力，并伴有大约 5% 的双振幅轴向应变，但此后的变形不会无限地增长即使在初始液化开始后，砂土也不会完全丧失强度。在粉质黏土中，细粉的可塑性对其液化起决定性作用，这个结论由 Ishihara 和 Koseki 提出。具有非塑性细粉的粉质黏土（如尾矿材料）与干净的砂一样容易液化。

对于非弹性的海床进行液化分析，大多借鉴地震液化分析的总应力法或有效应力法。地震液化分析中的液化判别准则也被拿来用到波浪诱发的海床液化评价中，即残余孔压超过上覆有效应力或平均初始固结围压时，液化发生。

卡萨格兰德和卡斯特罗重新改进了卡萨格兰德采用的临界孔隙比的概念以及试验方法，同时提出了"流动结构"和"稳定抗剪强度"的概念。

近年来，液化的研究内容有了较大的扩展，这些内容包括从自由场地的液化研究转向非自由场地的液化研究；坝体的液化判别与防治研究和桥梁及桥墩由于地震液化造成的破坏研究，由于液化可能造成的海堤、海岸、港口和河流边坡、码头岸坡的滑坡或位移对工程体破坏的研究；液化对地基、桩基、地下工程和生命线的破坏与影响；开展了粉土、粉煤灰的液化研究；瓦卡马斯图对历史上火山爆发产生的火山灰形成的沉积层，在地震中发生的液化现象和不同颗粒尺寸液化特性的研究；我国台湾学者黄通过由罗东、花莲、台湾的深孔中加速度记录和现场岩土参数测试来反算应力降低因子（r_d），结果发现，r_d 明显地比锡德简化法提供的曲线范围（埋深不超过 15m）小。维耶拉等用垂直压缩荷载进行试验研究，得出了垂直荷载同样能导致饱和砂土液化的结论。日本学者都松已采用遥感技术进行液化灾害的调查。意大利学者西罗维奇对超固结的砂土液化进行了研究。

梅斯里等为了分析液化场地的稳定性，开展了液化场地土的不排水剪切强度研究。大冈等用三种方法进行现场剪切波速的测量，计算现场土的剪切模量，并用不同的成型方法置备试样进行室内不排水循环的三轴试验，计算实验室条件下的弹性剪切模量，得出了两者之间的差异在于固结时间和黏粒含量不同的结论，并认为现场土的抗液化能力的数值比试验方法得到的至少要大两倍。石兆吉等开展了剪切波速的液化势判别的机制研究。吴世明等对碎石桩加固地基和粉土地基进行了现场剪切波速测试，利用剪切波速研究了液化势特征。麦曲等开展了对能代液化场地的现场剪切波速的测试，发现凡是发生液化的场地，其剪切波速都比较低，不超过 120m/s，对于细颗粒与中细颗粒的土壤，整个液化区松散；对于地下水位较浅的地方，水位在 2m 或不到 2m 时，土的剪切波速一般超过 150m/s。格雷戈里乌研究了不同加载系统（规则加载系统、不规则加载系统、液压加载系统和非液压加载系统）试件的制备与成型方法等因素对液化的影响。夏研究了加反压与饱和度对砂土液化的影响，通过四组不同反压与不同饱和度的砂土试样做室内三轴试验发现，不能通过加反压的方法来增加砂土的抗液化能力。

对于结构地基液化研究方面，Yoshimi 等通过室内模型试验研究和有限元分析，认为直接位于基础下的土体比自由场地难液化，而基础边缘外侧，大致沿边角分角线方向则存在一个比同标高的自由场地更易液化的区域。费里托等采用平面等效剪应力方法分析得出，自基础正下方向外，土越来越易液化，与前者的主要区别在于对基础边缘土的液化危害性看法不同。川崎等将输送塔基的模型放置在离心机中做试验，结果发现，在基础下方的孔隙水压力比基础边缘小，基础下方存在非液化区。刘惠珊、陈克景通过试验研究发现，建筑物地基正下方难液化，建筑物边缘易液化。门福录等通过数值分析得出了相似的结论。Yoshimi 等通过振动台和有限元计算分析，芬恩等通过在离心机中埋置基础试验和非线性地震反应分析，也得到了与前述相同的结果。多布雷等通过浅地基的离心试验，发现在地基边缘能产生最大孔隙水压力。门福录与崔杰等还提出了一种简化分析方法，但总的说来，非自由场地的液化研究工作做得还比较少，所得结论还没有形成规范被广泛接受与应用。

随着技术的发展，试验研究砂土液化的方法越来越多，常见的设备有：振动三轴仪、扭剪仪、循环单剪仪、振动台和离心机等。数值分析也得到了较大的发展，用于液化分析与判别的计算机程序比较多，计算精度和计算速度都有了大幅度提高，新的、更多的土的物理模型、力学模型在计算中得到应用。砂土上部结构存在时的地基液化问题的数值分析也有了一些进展。计算机技术在砂土液化研究中的应用也越来越多，如进行砂土液化的计算机仿真研究，神经网络或模糊数学技术与计算机相结合的应用等。

对于液化造成的震陷方面的研究显示，除地震引起地表的沉陷、黏土软化导致地基的沉降外，液化导致地基沉降而引发的灾害也比较多。国内外已开展了一些这方面的调查与研究。刘惠珊对液化震陷的经验公式开展了较为深入的研究，分别探讨了适用于持力层型地基、下卧层型液化地基和粉土型液化地基的经验公式，并将计算震陷与实测震陷进行了对比研究。希拉尔运用有限元分析计算了埋置于液化层中，地表有非液化土层的基础的沉降。

关于液化对地面运动的影响，Tow kata 等首次开展了关于液化导致斜坡土体横向流动位移的研究，为此建立了相应的模型和理论推导，并进行了大型振动台测试研究。系列试验发现，尽管液化的地基土有板桩或高压缩土作为边界约束，仍可观察到高压缩土有横向位移；由于土中应力不均匀，还会看到土的扭曲，试验与理论分析结果一致。通过将分析和测试结果与 1995 年神户震害比较，进一步完善了液化导致斜坡土体横向流动位移的相关理论。石兆吉（1994）通过大型振动台试验和计算分析上层液化对地震波的波形、幅值、频谱的影响。

1.2.3　海洋土动力响应研究

海洋土动力学特性及其模型的研究一直是国际海洋工程学术界研究的热点之一，自 19 世纪 60 年代，人们通过对地震加载下土的动力学特性研究，获得了许多对于砂土动力特性的测试结果和编译程序。后来，随着海洋和海岸带工程活动的增加，发现许多海上结构物的不稳定现象均与海底土的动力学特性有关，并对水动力对海底土层的作用有了初步的感性认识。随着海上石油开发及矿产资源开发的飞速发展，海洋环境下沉积物的动力响应已被众多的学者所观察和研究，而且所用的理论方法和试验手段不断在发展和深入。马丁等提出了循环荷载作用下液化的基本原则，为砂土液化的研究奠定基础。Ishihara、卡萨格兰德、卡斯特罗研究了砂土的液化和动应变规律；肯尼思、斯兰等对砂床海底中波浪产生的压应力进行测量并进行简单的规律分析，斯兰通过实测结果对海洋环境下的液化可能进行了初步预测；米切尔、斯兰登等在海上勘察中发现水动力作用下砂土的液化滑动现象，斯拉登等对 Ner-lerk Berm 区液化引起的滑坡进行背景分析，提出波浪是产生液化的一个主要原因；锡德、史蒂夫等提出利用原位测试数据评估液化势的简化程序，提出液化评估程序；陈仲颐等对波浪引起的饱和土体残余空压计算，反映了砂土液化的机制；伍德首次对土在循环荷载作用下的动应力应变模型进行探讨，提出土的动剪切模量和阻尼比的概念；杨作升等，冯秀丽，杨少丽分别对波浪作用下海底不稳定现象进行研究，并对海底土的响应进行了定性分析和简单的定量计算，李文泱等利用动三轴试验研究了孔隙水压力对饱和砂的剪切模量和阻尼比的影响，哈丁进一步研究了孔隙水压力对饱和砂的剪切模量和阻尼比的影响因素为应变幅值、有效平均主应力、孔隙比和加载周期等；黄锋等通过一系列不排水及排水条件下的动三轴试验结果，表明排水过程对正常固结的海洋粉质土有强化作用；鲁晓兵等对循环荷载下饱和砂土中孔隙水压力的计算方法进行研究，将孔压分解为体变孔压、脉动孔压和渗流孔压三部分，但在计算中，如何就粉土特性建立其简单的适用于工程实践的模型仍需进一步研究，尤其是低围压作用下的土动力学特性也是目前正待解决的难点。

对于波浪单独作用下加结构基础周围的冲刷研究较多，椹木享等进行了波浪作用下圆柱周围的局部冲刷试验，主要考虑了波浪影响，水口优等进行了波浪作用下小口径圆柱周围的局部冲刷试验，重点研究了海底流速和泥砂起动流速与 KC 参数的关系及其对冲刷深度的影响，黄建维等通过模型试验对波浪作用下海上墩式建筑物周围局部冲刷进行研究，苏美尔等研究了不同类型的近海结构物周围的冲刷，高学平等研究了不规则波作用下直立堤前海床的冲刷问题，谢世楞对直立式防波堤前冲刷形态及其对防波堤整体稳定的影响进行了评估。

　　帕尔梅李提出了比较合理的土 - 结构动力相互作用的计算模型，将结构和基础作为互相耦连的体系来研究其在地震作用下的动力反应。他利用了比克罗夫特提出的刚性圆盘在半无限弹性地基上发生平移和转动的稳态振动解来建立基本方程，初步揭示了惯性动力相互作用的基本规律。由于在 20 世纪 70 年代以前关于土 - 结构动力相互作用的研究主要以动力机械基础作为研究对象，将基础简化为刚性无质量体系研究地基的动力阻抗特性，研究方法多以能获得一定边值条件下的解析解的解析法为主。这一阶段可以说是土 - 结构动力相互作用研究的初级阶段。

　　20 世纪 70 年代以后，由于数值计算理论和计算机技术的发展，特别是随着核电站建设的兴起，土 - 结构动力相互作用的研究得到迅速发展。有限差分法、有限元法、边界元法的应用，为各种复杂工程结构物考虑土 - 结构动力相互作用的分析提供了手段。有限元法便于处理不规则的场问题，而边界元法对无限边界问题的处理则十分方便，将两种方法综合应用的混合元法使土 - 结构动力相互作用的求解范围得到进一步拓展。利用数值离散方法可以处理包括基础形状、柔性、埋深、基础和地基间的翘离、地基分层、基础附近局部地形、地层分布的不规则性、土层的非线性特性、建筑物的塑性变形以及相邻建筑物的影响等问题。土 - 结构动力相互作用的计算模型的逐步完善，从而使土 - 结构动力相互作用的研究范围从动力机械基础逐步扩展到高层建筑、核电站的反应堆建筑物、水坝、海洋平台、桥梁、储液罐和粮仓等结构。

　　从 1972 年在罗马召开的第五届世界地震工程会议开始，土 - 结构动力相互作用问题都作为历届会议的一个专题进行讨论，有关土 - 结构动力相互作用问题的研究论文也大量出现，土 - 结构动力相互作用问题已成为一个异常活跃的研究领域。近年来，在继续进行各种理论分析方法研究的同时，模型试验研究和原型测试的分析研究也日益受到各国学者的关注，随机有限元也得以应用，并有可能成为土 - 结构动力相互作用研究的新一轮热点。

　　近年来，随着测试技术的发展和面临工况的复杂性，土体动力特性的研究由简单的动荷载作用向复杂且加载不规则的动荷载作用发展。为研究不同方向应力的耦合，栾茂田等对于饱和的松砂进行了一系列双向耦合循环剪切试验，模拟了波浪引起的循环动荷载，探讨了轴向应力和剪应力幅值对饱和松砂动强度特性的影响。王籹鹏等研究了双向动荷载作用下，含水率和固结应力对红黏土动变形特性的影响。张凌凯等通过对堆石料进行不同应力路径 [三轴剪切循环加载、等偏应力（q）循环加载和等球应力（p）循环加载] 的大型动三轴试验，研究了不同应力路径下，循环加载对剪应变和体应变的影响规律。

　　影响土体动力特性的因素有很多，例如剪应变幅值、孔隙比和周期加荷次数，土体自身的饱和度、超固结比、土粒特征、结构性等。许书雅等通过动三轴试验研究了黄土经过不同地基改性处理后的抗震性能。余芳涛等通过动三轴试验研究了偏压固结条件下，循环振次对粉煤灰动强度特性和孔压特性的影响。穆坤等通过循环加载的动三轴试验，研究了含水率、振动次数、围压、固结应力比对红黏土动力特性的影响。杨正权等通过粉质砂土在地震荷载下的动三轴试验，得出围压、固结应力比和相对密度是控制土料抗震破坏的主要控制因素。

土体动力测试分为室内测试技术和原位测试技术。室内测试技术主要有 GDS（global digital systems，全球数字系统）空心圆柱扭剪仪、动三轴试验、共振柱试验、振动台试验和离心模拟试验。杨文保等通过原状土的共振柱试验，探讨了各剪应变范围内动剪切模量随土层深度的变化规律。许成顺等通过大型振动台模型试验，研究了可液化自由场地在地震动激励时，液化场地的加速度、位移、孔压比时空响应等动力特性分析。周正龙等利用空心圆柱仪进行剪切试验，研究了循环加载方向角对饱和粉土动力特性的影响。张鑫磊等通过砂土液化的振动台试验，模拟土体液化流动和管体的相对运动，研究了液化砂土的流动效应。周燕国等利用离心机和振动台相结合，开展了地震液化模型试验，研究了含黏粒砂土场地的液化灾变特点。马立秋等在土工离心机的基础上，开发了离心模型爆炸试验系统，使离心模型试验具备测试爆炸荷载作用下的动力参数的能力。曹文冉等通过改进箱体层间的滑动装置研制了刚度可调的二维叠层剪切箱，在进行地震激励下模拟土体的振动台试验时，能较好地解决单向水平地震输入时的边界效应。

原位测试的结果具有较好的可靠性及代表性，其测试技术主要包括波速测试和动力荷载试验两类。林万顺将多道瞬态面波勘探技术应用到工程勘察中，该技术能准确地区分地下岩层的界面，根据波速能够直接反映岩土物理力学性质。刘发祥等提出采用面波 - 声波联合法来进行地基土动力参数的计算，此方法经济、快捷，在技术上具有一定的优越性。郭士礼等依据探地雷达发射波的动力学特征，用于城市道路塌陷隐患的探测，具有精度高、效率快、连续无损、实时成像的优点。

1.2.4 深海工程结构防失稳技术研究

减轻液化危害的方法分为两类：一类是改变地基土的性质，防止地基发生液化；另一类是合理的结构设计，降低地基液化对结构使用的影响。对于可能液化的地基土常用的处理思路有：挖除、置换、加密、压重、封闭等办法。目前对液化地基处理比较成熟工程措施有：挤密砂土桩法、碎石桩法、强夯法、注浆法、深层搅拌法、旋喷法等。除此之外也有一些新方法的探索，如：吉田等提出在饱和松散砂层中插排水桩的地基处理方法，既提高了场地的密实度又提高了抗液化能力，能有效地缓解液化引起场地的沉降量。塞比克等利用离心模型试验研究了饱和土壤注入空气后液化土层的变形量，探索了在饱和液化土层中通过注入空气的办法来减轻建筑地基的液化沉降地基处理方法。陈育民等通过振动台试验，研究了水平层状、包裹状和无纺布联合处三种土工格栅加固土体方案控制土体液化变形的效果，认为土工格栅加无纺布联合处理方案加固地基能有效地限制液化砂土的流动变形。高中南等通过不同配比的粉煤灰掺入量，研究了通过掺入粉煤灰的方式来改良饱和黄土的抗液化特性。王晋宝等通过振动台试验，探索了包裹碎石桩加固和碎石桩加固砂土地基液化的抗震性能，得出包裹碎石桩加固优于碎石桩加固的结论。

深海工程的风险评估成为结构防失稳的重要手段，可以使海洋平台等结构风险事故大幅减少。在 20 世纪 70 年代，国外通常采用定量风险评估（QRA）的方法，其项目的目标是通过定量风险评估手段和研究原有的数据进行分析处理时，是否有较大的波动性和变异性，在此期间风险评估通常被称为安全评估。1981 年，挪威石油管理部门颁布了海洋平台概念设计时需要遵照的安全评估指导文件（NORSKO 规范）。将发生概率为 10% 的风险事故规定为在概念设计时被考虑的因素，采取预防性保障措施，对剩余的风险概率及风险事故予以评估，并与发生概率为 10% 的风险事故进行比较分析。1990 年，英国海洋石油联合会提出了更加完善和综合的安全评估方法，对海洋平台事故的安全评估提出了更高的要求。1992 年，英国首次提出了安全事例规范，在原有的海洋工程设施以及新建的海洋结构物及构筑物的风险评估中，该规范的作用举足轻重，综合安全评估方法是该规范中作为风险评估手段的重要组成部分。21 世纪初，国际石油公司等越来越重视海洋石油开发过程的风险事故带来的灾害影响，均建立了相应的公司内部风险评估规范。我国海洋工程设施基础前期落后，前期的安全评估及风险评估理论的应用均偏向于矿产的开发等相关领域，在海洋工程结构方面的研究较少。

液化防治措施的研究得到了进一步的重视。张崇文利用提出的桩土相互作用动力非线性层元分析模型和建立的理论公式，对可能液化地基的加固问题进行了分析研究。目前，防治液化的措施主要有：加密（振动、冲击）；增加覆盖压力（填上）；改善受力状况和土壤的物理力学性能，从而增强其抗液化能力；降低地下水位；加强排水，如使用碎石排水桩，地震时形成一排水通道，减小上体发生液化的可能性。围封、换土等方法都可降低孔隙水压力上升，提高土的抗液化能力。应尽量避免将液化土层作为持力层，采用桩基与深基础，达到提高地基的抗液化能力。美国与日本的科技工作者通力合作，在液化场地的改善和修复方面开展了大量的工作，尤其对于生命线结构附近范围内的液化场地的改善和修复研究，提出了五种常用的加固液化土的技术。他们的研究成果已在废水处理工厂的埋藏管线、铁路、桥梁、飞机跑道等的场地得到应用。

中国船级社也开发和引进了国际知名的程序用于船舶和海洋工程结构计算分析，这些计算程序适用于船舶和海洋工程等各种典型结构形式和典型工作状态下的计算分析，主要功能有：对超大型船舶和海洋平台进行结构强度和稳定性计算分析；用于固定平台各个建造阶段结构分析；用于浮式处理储存装置（FPSO）和单点系泊装置（SPM）运动和响应分析；用于海底管道系统在铺管、作业过程中结构受力分析，各种型式海上移动平台的结构受力分析，还可用于地震响应谱分析，结构振形、模态分析，三维桩—土相互作用分析。

1.3 主 要 内 容

深海资源开发现阶段主要采用张力腿平台（TLP）、单立柱平台（SPAR）、半潜式平台（SEMI）和浮式生产存储系统（FPSO）等大型浮式结构，这些海洋平台结构的基础型式通常采用吸力式桶形基础与海床进行连接以实现固定平台结构的目的。为此，本书重点以深海工程结构常用的吸力式桶形基础为例，深入讲解海洋恶劣环境下吸力式桶形基础的失稳破坏机理与评价方法。吸力式桶形基础作为深海工程结构的基础部分，决定着上层结构物的安全性、稳定性，但其所处的工作环境复杂多变，荷载种类繁多，除海啸、重级地震荷载等不可抗力外，桶形基础不仅要承受上层结构物传来的自重与工作荷载，还要承受地震效应，以及海风、海浪等长期循环施加的环境荷载。地震荷载、风浪流的联合作用均属于动力荷载。地震会引发土体液化，尤其对饱和砂土而言，液化后的地基土会完全失去承载能力，致使桶形基础失稳后发生倾覆破坏，进而对整个深海工程结构造成不可逆的破坏；而风浪流的长期循环作用也会影响桶形基础的承载性能，使其与静载状态下的承载力设计值出现偏差，造成安全隐患。目前对吸力式桶形基础的动力响应研究多设定其工作于黏土中，对饱和砂土中吸力式桶形基础的动力响应研究不多。因此，本书的研究目的如下。

（1）探寻动力荷载作用下，饱和砂土地基中吸力式桶形基础与周围海床砂土的相互作用机理。

（2）研究吸力式桶形基础受地震作用后，海床砂土地基液化分布形态，确定吸力式桶形基础对砂土抗液化性能的影响规律。

（3）明确多种循环荷载作用下，海床地基的破坏机理和吸力式桶形基础承载极限值的确定方法。

为此，本书主要从以下几方面开展研究。

（1）依托 FLAC 3D 有限差分软件，建立吸力式桶形基础与海床地基整体模型，选用 Finn 土体液化本构模型，观测地震波加载全过程中海床砂土地基孔隙水压力的升降规律，对比加载前后地基沉降和土内应力的分布变化情况，基于 Seed 有效应力原理，判断海床地基的液化情况，总结吸力式桶形基础影响饱和砂土抗液化性能的作用机制。

（2）基于前一部分建立的数值模型，按照位移控制法在吸力式桶形基础上施加单一竖向、水平、弯矩、扭矩循环荷载，观察吸力式桶形基础在循环单向力作用下的海床砂土的破坏机理，通过吸力式桶形基础位移 - 承载力的关系曲线，分析不同的循环单向力作用时吸力式桶形基础的承载特性，并得到桶体达极限承载状态时的取值标准。

（3）基于吸力式桶形基础在单向循环力加载条件下海床地基中的承载力极限值，建立长径比为 0.5、1.0、2.0 三种计算模型。以 Swipe 位移加载法为原理，对处于饱和砂土地基中的吸力式桶形基础施加复合循环荷载，记录吸力式桶形基础位移与荷载的关系曲线，重点探究不同方向循环力间的相互影响与制约关系，并分析不同复合循环加载条件下吸力式桶形基础失稳破坏的机理；记录并对比吸力式桶形基础在不同长径比情况下破坏包络面的差异性，并给出吸力式桶形基础达到承载极限时对应的荷载组合值的选取方法。

（4）针对不良地质条件下海洋工程结构其他基础（防沉板、吸力锚和螺旋锚）型式，提出了水下饱和软黏土中防沉板基础的上拔承载力计算公式，分析了复合加载条件下锚板基础和桶形基础在软黏土中的承载特性及变形规律；提出了砂土中几何尺寸对螺旋锚基础上拔承载特性的影响，并推导求得到了螺旋锚基础的抗拔承载力计算公式。

第2章 海洋砂土动力学特性分析

土的室内试验是人们认识土性的重要手段。岩土工程理论分析与计算的发展离不开先进的土工试验设备与现代测试技术。因此，开发和研制先进的土工设备，实现各种复杂的初始应力状态和复杂的循环应力模式，日益受到人们的关注。这将是深入研究复杂荷载条件下土工建筑物与地基的静、动力响应与稳定性分析的基础与前提。这一问题不仅是土力学与岩土地震工程研究中至关重要的基本课题，也是海洋平台等重大工程设施设计中需要首先解决的实际问题。

本章采用大连理工大学土木水利学院岩土工程研究所的"土工静力 - 动力液压三轴 - 扭转剪切仪"开展了相关海洋砂土动力学特性研究。该设备能够实现均压固结、控制多种不同初始条件下的非均等固结、K_0 固结等多种复杂固结条件，进行静、动三轴拉压剪切与静、动扭转剪切以及静、动耦合剪切等多种静力与循环剪切的复杂应力路径试验，而且能够同时满足土的动力变形特性与动强度及孔隙水压力等特性方面的研究需要，设备于 2001 年初引进后，课题组对设备进行了大量的调试、开发和完善工作，到目前为止已经具有相当广泛的实用性和适用性。本章进行的所有静、动力试验都是利用该设备完成的。

🌱 2.1 试验设备简介

2.1.1 设备组成

整个试验体系由液压加荷系统、主机系统、气水转化系统（含空压机与真空泵）、模拟控制系统及计算机数字元控制系统（含 I/O 箱和扩展箱）、数字记录系统等六部分组成，如图 2.1 所示。配备的传感器共有 11 个，分别用于测量竖向荷载、扭矩、竖向大幅值位移、竖向微幅位移、转角位移、微幅转角位移、内侧压力、外侧压力、孔隙水压力、试样体变、空心圆柱试样内腔体变、K_0 固结时试样外部体变等 12 个参数。其中，在空心圆柱试样的双向耦合剪切试验中采用了双出力传感器，可同时测得竖向荷载与扭矩，并与竖向微幅位移传感器、两种角位移传感器一起置于三轴压力室之内。气水系统用来向试样体提供无气水、真空、侧压和反压。液压系统是提供液压力的装置，竖向荷载和水平扭矩通过液压装置驱动施加给试样体。模控系统控制液压模拟阀，向试样体施加竖向荷载或扭矩，再由与试样体相连的传感器得到反馈信息，从而实现对试样体的应力控制或应变控制。

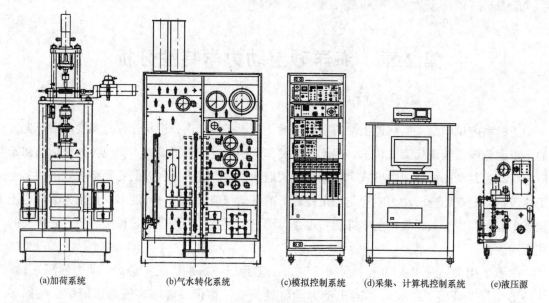

(a)加荷系统　　　　(b)气水转化系统　　　　(c)模拟控制系统　　(d)采集、计算机控制系统　　(e)液压源

图 2.1　设备构成图

2.1.2　主要功能

"土工静力 - 动力液压三轴 - 扭转多功能剪切仪"主要功能包括：①独立进行静力和动力轴向三轴实验；②独立进行静力和动力扭剪实验；③同时施加静力或动力轴向荷载和扭矩，在静力加荷时可控制加荷速率；在动力加荷时可任意控制轴向荷载与扭矩的幅值、频率及两者的相位差；④试样形状用于普通三轴实验的实心圆柱和普通扭剪和轴向 - 扭转双向耦合剪切的空心圆柱试样，每一种形状的试样均有两种不同的尺寸及与之相配套的系统，可进行无黏性土或扰动土和黏性土或原状土的试验研究，具有广泛的适用性；⑤可实现各向均等固结、偏压固结、K_0 固结、针对空心圆柱状试样的内外侧压不等固结以及任意改变初始主应力方向角和中主应力系数等各种参数组合的复杂三向非均等固结等各种固结状态；⑥静力或动力加荷时均可选用荷载控制与位移控制两种控制方式，在试验过程中进行闭环反馈控制，并可在试验过程中进行切换；⑦具有较完善的体变测量系统，可同时测量试样本身的体变、空心圆柱试样的空心内腔室体变及 K_0 固结条件下试样外部圆筒的体变；⑧对于轴向变形和转角的测量，设置了两套测量系统：一套为内置式的非接触轴向位移计和转角计用于测量微小变形，另一套是普通的接触式位移及转角传感器；⑨对于实心圆柱试样可以通过计算机自动控制完成平均主应力为常量或主应力比为常量等特殊应力路径试验以及三轴伸展试验；⑩单独控制内外室压力、轴向荷载及扭矩，可以实现中主应力系数、主应力方向角、平均主应力均保持不变的单调剪切试验。

利用"土工静力 - 动力液压三轴 - 扭转多功能剪切仪"控制作用在土体上的外室压力、内室压力及静力扭剪应力、静力轴向应力模拟复杂的初始固结状态，例如可考虑中主应力系数、初始固结主应力方向角、三向非均等固结等实际土体的应力状态。而且同时施加循环扭剪应力和循环轴向应力，控制循环剪应力与轴向应力的相位差，即可实现动主应力轴连续旋转等复杂的加载路径，如图 2.2（c）和图 2.2（d）所示。而常规的动三轴试验及常规的动扭剪试验均无法考虑中主应力系数、主应力方向角等初始复杂固结应力状态，不能实现波浪、交通等荷载引起的动主应力轴连续旋转等复杂加载路径，如图 2.2（a）和图 2.2（b）所示。

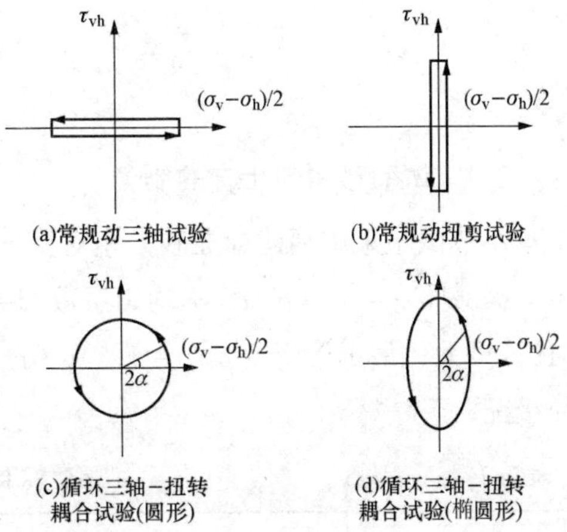

(a)常规动三轴试验　　(b)常规动扭剪试验

(c)循环三轴－扭转　　(d)循环三轴－扭转
　　耦合试验(圆形)　　　　耦合试验(椭圆形)

图 2.2　四种试验循环加载的应力路径

2.1.3　技术参数指标

"土工静力 - 动力液压三轴 - 扭转多功能剪切仪"技术指标见表 2.1，它共有 11 个传感器可以测出 12 个参数指标。其中，小轴向位移和小角位移传感器为内置非接触式传感器，主要用于微小变形试验的小应变范围量测；大轴向位移和大角位移传感器为普通的接触式传感器，主要用于强度破坏试验的大应变范围量测。表 2.2 给出了试样尺寸及加载频率范围。

表 2.1　　　　　　　　　　　　　设备主要技术指标

采集通道	采集参数	最大工程量	最高精确值
CH1	轴向荷载/kN	2, 10, 20	0.01
CH2	轴向大位移/mm	50	0.1
CH3	扭矩/(N·m)	20, 50	0.01
CH4	大角位移/(°)	±40	0.01
CH5	小角位移/(°)	±1.0	0.001
CH6	外侧压力/kPa	1000	1.0
CH7	内侧压力/kPa	1000	1.0
CH8	孔隙水压力/kPa	1000	1.0
CH9	试样体变/mL	300	1.0
CH10	试样内腔体变/mL	100	1.0
CH11	试样外腔体变/mL	200	1.0
CH12	轴向小位移/mm	±1.5	0.01

表 2.2　　　　　　　　　　　　　试样尺寸及频率范围

振动频率/Hz	实心圆柱试样尺寸/mm	空心圆柱试样尺寸/mm
0.01～10	$D100 \times H200$	$D100 \times d60 \times H150$
	$D61.8 \times H150$	$D70 \times d30 \times H100$

2.2 试 验 条 件

2.2.1 试验砂料与土样的制备

本小节试验采用福建标准砂，相对密度控制 $D_r=30\%$。通过测定，福建标准砂的比重 $G_s=2.643$；$d_{50}=0.34mm$；不均匀系数 $C_u=1.542$；最大、最小孔隙比 $e_{max}=0.848$，$e_{min}=0.519$；最大、最小干密度 $\rho_{dmax}=1.74g \cdot cm^{-3}$，$\rho_{dmin}=1.43g \cdot cm^{-3}$，表 2.3 给出了土样的颗粒级配。

表 2.3　　　　　　　　　　　　福建标准砂颗粒级配表

试样土料	颗粒组成/mm					
	>2	$2\sim1$	$1\sim0.5$	$0.5\sim0.25$	$0.25\sim0.1$	$0.1\sim0.075$	<0.075
福建标准砂	0.01%	0.02%	56.98%	35.52%	7.44%	0.03%	0%

土样的制备采用分层干装方法，根据设计的相对密度称取一定质量的烘干砂土，利用纸漏斗分 5 层干装，砂土堆落高度较低。装样时要十分注意控制每一层砂的密度和均匀性。干装完成后依次通 CO_2、通无气水与施加反压 200kPa，使试样饱和。饱和度的测定是在不排水条件下施加 50kPa 的固结压力，观察孔隙水压力的变化，制备砂样的孔压系数 B 均达到 98% 以上。

2.2.2 试样尺寸及应力状态

本小节试验均采用空心圆柱体试样，试样外径和内径分别为 100mm 和 60mm，试样高度为 150mm。如图 2.3 所示，在试验中，通过独立地施加和控制竖向荷载（W）、扭矩（M）、外室压力（p_o）和内室压力（p_i），可以改变 σ_z、σ_r、σ_θ、$\tau_{z\theta}$ 四个应力分量，在 $z\theta$ 平面实现主应力轴的连续旋转。图 2.3（b）表示空心圆柱状试样壁上任意土单元上的应力状态，单元体上有 4 个独立的应力分量，即由扭矩 M 所产生的平均剪应力（$\tau_{z\theta}$），由内侧压力（p_i）和外侧压力（p_o）所产生的平均径向应力（σ_r）和平均环向应力（σ_θ），由竖向力（W）及内外侧压力（p_i、p_o）共同产生的平均轴向应力（σ_z）。一般径向应力为中主应力，即 $\sigma_r=\sigma_2$。试样单元体上的应力状态可采用主应力 σ_1、σ_2、σ_3 以及大主应力方向相对于竖向的方向角（α）等四个独立参量表达，也可由相应的中主应力系数（b）、平均主应力（p）、广义剪应力（q）和大主应力方向角（α）表达。图 2.3（c）表示土

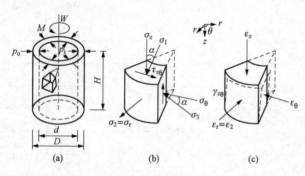

图 2.3　空心圆柱试样的应力应变状态

单元上的应变状态，包括轴向应变（ε_z）、径向应变（ε_r）、环向应变（ε_θ）和剪应变 $\gamma_{z\theta}=2\varepsilon_{z\theta}$。一般径向应变与中主应变相等，即 $\varepsilon_r=\varepsilon_2$。

2.2.3 试样体的应力应变参数及其计算公式

从严格意义上讲，在空心圆柱体试样上的应力分布是不均匀的。试样尺寸选择时，栾茂田、郭莹等在总结国内外标准试样尺寸的基础上，选择了 $D100\times d60\times H150$mm 尺寸的试样，保证试样内的应力与应变尽可能地均匀分布。由于采用了较大尺寸的试样，并且空心圆柱试样的壁厚也较小，因此可以认为应力应变分布的不均匀性对试验结果的分析影响较小。这里均用平均应力和平均应变来分析一点的应力应变状态。关于空心圆柱状试样的应力应变计算公式，郭莹进行了详细的分析，本小节采用了相同的计算方法计算关于试样的应力参数以及应力、应变。

平均应力与平均应变计算均与试样体的面积密切相关，因此需要由实测的试样体体变 ΔV 和试样体内腔室体变 ΔV_{in} 来计算试样体在剪切过程中的时刻修正的内径及外径。这里用下标 0 表示试样装样时的初始值，用下标 c 表示完成固结后的值，用下标 t 表示剪切过程中某一时刻的值。当假定试样体在整个剪切过程中始终保持圆柱状时，完成固结后的试样内径及外径可分别按下式计算

$$R_{ic}=\sqrt{\frac{\pi R_{i0}^2 H_0 + \Delta V_{inc}}{(H_0 - \Delta H_0)\pi}} \tag{2.1}$$

$$R_{oc}=\sqrt{\frac{\pi R_{o0}^2 H_0 + \Delta V_{inc} - \Delta V_c}{(H_0 - \Delta H_0)\pi}} \tag{2.2}$$

式中，R_{i0}，R_{o0} 分别为试样的初始内径与外径；H_0 和 ΔH_0 分别为试样初始高度和完成固结时的试样体产生的轴向变形；ΔV_{inc} 和 ΔV_c 分别为完成固结时产生的内腔室体变和试样体体变。

剪切过程中的试样体的时刻内径及外径可分别用下式计算

$$R_{it}=\sqrt{\frac{\pi R_{ic}^2 H_c + \Delta V_{int}}{(H_c - \Delta H_t)\pi}} \tag{2.3}$$

$$R_{ot}=\sqrt{\frac{\pi R_{oc}^2 H_c + \Delta V_{int} - \Delta V_t}{(H_c - \Delta H_t)\pi}} \tag{2.4}$$

式中，$H_c=H_0-\Delta H_0$，为完成固结后试样的高度；ΔH_t 为剪切过程中产生的轴向变形；ΔV_{int} 和 ΔV_t 分别为剪切过程中产生的内室体变和试样体体变；对于不排水剪切试验，$\Delta V_t=0$。

利用式（2.4）计算得到的时刻修正面积可计算时刻平均应力、平均应变及相关参数。试样在承受轴向荷载（W）、扭矩（M_T）、外室压力（p_o）和内室压力（p_i）时的理想应力状态如图 2.3 所示。现给出由此状态得出的各平均应力分量和平均应变分量的计算公式。

平均轴向应力为

$$\sigma_z=\frac{W}{\pi(R_o^2-R_i^2)}+\frac{p_oR_o^2-p_iR_i^2}{R_o^2-R_i^2} \tag{2.5}$$

平均轴向应变为

$$\varepsilon_z = \frac{w}{H} \qquad (2.6)$$

平均环向应力为

$$\sigma_\theta = \frac{p_o R_o - p_i R_i}{R_o - R_i} \qquad (2.7)$$

平均环向应变为

$$\varepsilon_\theta = -\frac{u_o + u_i}{R_o + R_i} \qquad (2.8)$$

平均径向应力为

$$\sigma_r = \frac{p_o R_o + p_i R_i}{R_o + R_i} \qquad (2.9)$$

平均径向应变为

$$\varepsilon_r = -\frac{u_o - u_i}{R_o - R_i} \qquad (2.10)$$

平均剪应力为

$$\tau_{z\theta} = \frac{3M_T}{2\pi(R_o^3 - R_i^3)} \qquad (2.11)$$

平均剪应变为

$$\varepsilon_{z\theta} = \frac{\theta(R_o^3 - R_i^3)}{3H(R_o^2 - R_i^2)} \qquad (2.12)$$

如图 2.3 所示，垂直于半径方向的作用面上没有剪应力的作用，因此径向应力通常是主应力，本小节试验中均以径向应力是第二主应力给定条件。此时，最大主应力（σ_1）、中主应力（σ_2）、最小主应力（σ_3）可分别表示为

$$\sigma_1 = \frac{\sigma_z + \sigma_\theta}{2} + \sqrt{\left(\frac{\sigma_z - \sigma_\theta}{2}\right)^2 + \tau_{z\theta}^2} \qquad (2.13)$$

$$\sigma_2 = \sigma_r \qquad (2.14)$$

$$\sigma_3 = \frac{\sigma_z + \sigma_\theta}{2} - \sqrt{\left(\frac{\sigma_z - \sigma_\theta}{2}\right)^2 + \tau_{z\theta}^2} \qquad (2.15)$$

同理，由于与径向应力垂直的作用面上没有剪应变的产生，因此径向应变通常是主应变，这里均以径向应变是第二主应变给定试验条件。此时，得到最大、最小主应变和中主应变，可分别表示为

$$\varepsilon_1 = \frac{\varepsilon_z + \varepsilon_\theta}{2} + \sqrt{\left(\frac{\varepsilon_z - \varepsilon_\theta}{2}\right)^2 + \varepsilon_{z\theta}^2} \qquad (2.16)$$

$$\varepsilon_2 = \varepsilon_r \qquad (2.17)$$

$$\varepsilon_3 = \frac{\varepsilon_z + \varepsilon_\theta}{2} - \sqrt{\left(\frac{\varepsilon_z - \varepsilon_\theta}{2}\right)^2 + \varepsilon_{z\theta}^2} \qquad (2.18)$$

2.3　试　验　目　的

目前，在研究实际交通、波浪等工程问题中，研究者通常将土体受力体系中涉及主应力轴方向变化或旋转的这部分应力特征简化在某一固定的二维空间中，本小节利用土工静力 - 动力液压三轴 - 扭转剪切仪所模拟的应力路径是使空心试样单元体始终以径向作为中主应力的方向，而大、小主应力在垂直于径向的切平面上发生连续式改变，即平面主应力轴旋转。

试验中，单元体上的应力状态可采用主应力 σ_1、σ_2、σ_3 及大主应力方向相对于轴向之间的方向角 (α) 等 4 个独立参量表达，也可由相应的中主应力系数 (b)、平均主应力 (p)、最大剪应力 (q)、大主应力方向与轴向之间的夹角 (α) 表达。在试验中通过独立地控制 W、M_T、p_i、p_o，不仅可以实现三向非均等固结应力状态，任意地控制初始主应力方向角，而且还可以实现剪切过程中的主应力轴及剪应力的不同形式变化，从而研究各种复杂应力条件下土的静、动力剪切特性。

为了研究试样的受力状态，根据空心圆柱仪的加载特征，将空心试样的单元体受力基本主应力坐标体系表述为如下形式：

$$\left\{\begin{array}{l} p' = (\sigma_1'+\sigma_2'+\sigma_3')/3 = (\sigma_1+\sigma_2+\sigma_3)/(3-u) \\ q = \sqrt{\{(\sigma_1'-\sigma_2')^2 + (\sigma_2'-\sigma_3')^2 + (\sigma_3'-\sigma_1')^2\}/2} \\ b = (\sigma_2'-\sigma_3')/(\sigma_1'-\sigma_3') \quad (0 \leqslant b \leqslant 1) \\ \alpha = \dfrac{1}{2}\arctan\left(\dfrac{2\tau_{z\theta}}{\sigma_z'-\sigma_\theta'}\right) \end{array}\right. \tag{2.19}$$

式中，p、q、b、α 分别考虑了平均有效主应力、广义剪应力、中主应力系数、主应力轴转角四个因素对土性的影响，利用这些参数能较好地从归一化角度解释应力对土体性状的影响，以及较好地反映如车辆、波浪荷载下对地基土作用力的主要应力特征。

在不同的荷载组合条件下，土体将处于不同的应力状态。为便于讨论问题，现对不同应力状态及其所对应的主应力方向角进行统一定义。单元体理想受力状态如图 2.4 (a) 所示。

在室内循环剪切试验中，土样中一点在固结应力作用下将达到一个最终稳定的应力状态，即施加循环荷载之前的应力状态，在此称之为初始固结应力状态或初始应力状态。这里初始主应力方向角定义为固结应力作用下达到最终稳定状态时的大主应力方向与轴向之间的夹角，用 α_c 或 α_0 表示。

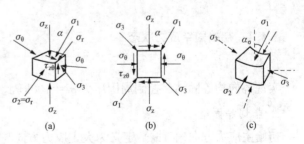

图 2.4　空心圆柱试样中土的应力状态

$$\alpha_c = \alpha_0 = \frac{1}{2}\arctan\left(\frac{2\tau_{z\theta c}}{\sigma_{zc}'-\sigma_{\theta c}'}\right) \tag{2.20}$$

初始主应力方向角定义的具体含义如图 2.5 中 α_c 所示，其中 C 点表示固结应力状态下的最终稳定状态点。

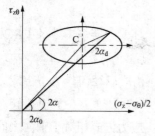

图 2.5 $\tau_{z\theta} - (\sigma_z - \sigma_\theta)/2$
空间上主应力方向的定义

在循环荷载作用过程中，土体受到了循环剪应力的往复作用，这种循环荷载将对土体单元产生一个循环应力增量，这种应力状态在此称之为循环应力状态。一般地，所施加的循环荷载将使试样体形成动大主应力、中主应力和小主应力三向不等的动应力状态，单元体上动大主应力方向与轴向之间的夹角定义为动主应力方向角，用 α_d 表示。

$$\alpha_d = \frac{1}{2}\arctan\left(\frac{2\tau_{z\theta d}}{\sigma'_{zd} - \sigma'_{\theta d}}\right) \tag{2.21}$$

动主应力方向角定义的具体含义如图 2.5 中 α_d 所示。可见在 $\tau_{z\theta} - (\sigma_z - \sigma_\theta)/2$ 空间上动主应力方向角是以固结稳定状态为圆心时的主应力方向角。

施加循环荷载后，土体单元将在原初始固结状态基础上叠加循环应力而形成总的应力状态。这里定义静、动荷载叠加后的总的大主应力方向与轴向之间的夹角定义为总主应力方向角或主应力方向角，它也能表示单调剪切或循环剪切时的时刻总主应力方向角，用 α_t 或 α 表示。主应力方向角（α）的具体含义如图 2.5 所示。

$$\alpha_t = \alpha = \frac{1}{2}\arctan\left(\frac{2\tau_{z\theta t}}{\sigma'_{zt} - \sigma'_{\theta t}}\right) \tag{2.22}$$

由此可见，在静力与动力不同组合条件下，在循环剪切过程中，动主应力方向角与总主应力方向角的变化是各不同的，且这种变化与初始主应力方向角也有关。例如，如图 2.5 所示，在非均等固结条件下，当施加了相位相差 90°的轴向循环应力和扭剪循环应力时，动主应力方向发生了 180°的连续旋转，而总主应力方向角却以初始主应力方向角为中心，以一定大小的幅度反复转动。这种转动的幅度与所施加的循环荷载的幅值有关。

🌱 2.4 试 验 方 法

2.4.1 初始固结应力状态

1. 均等固结

实现各向均等固结、控制周围压力 $\sigma_3 = 100$kPa，相对密度控制 $Dr = 30\%$。

2. 非均等固结

初始主应力方向角（α_0）定义为大主应力方向与轴向之间的夹角，即

$$\alpha_0 = \frac{1}{2}\arctan[2\tau_{z\theta c}/(\sigma_{zc} - \sigma_{\theta c})] \tag{2.23}$$

式中，$\tau_{z\theta c}$，σ_{zc} 和 $\sigma_{\theta c}$ 分别为固结时试样上的平均剪应力、平均轴向应力和平均环向应力。

初始中主应力系数定义为

$$b_0 = \frac{\sigma_{2c} - \sigma_{3c}}{\sigma_{1c} - \sigma_{3c}} \tag{2.24}$$

当中主应力系数 $b_0 = 0$ 或 1 时，为二向非均等固结状态。

固结偏应力比（η_0）定义为固结偏应力与平均固结压力的比值，即

$$\eta_0 = \frac{q_0}{p'_c} \tag{2.25}$$

固结应力比（K_c）定义为固结过程中最大主应力与最小主应力的比值，即

$$K_c = \frac{\sigma_{1c}}{\sigma_{3c}} \tag{2.26}$$

对于给定 $Dr = 30\%$ 的相对密度和平均固结压力 $p'_c = 100\text{kPa}$，通过改变轴向荷载（W）、扭矩（M_T）、外室压力（p_o）和内室压力（p_i）的组合，可以调整三向非均等固结状态下的固结偏应力比（η_0）、主应力系数（b_0）、初始主应力方向角（α_0），及其相应状态下的固结应力比（K_c）。本小节针对福建标准砂，通过考虑以上三个固结应力状态参数 η_0、b_0 及 α_0 的多种不同组合，探讨了复杂初始应力状态对饱和砂土动力特性的影响，所涉及的各种固结应力状态的三个主应力大小及参数值见表 2.4。

表 2.4　　　　　　　　　固结后的各参数值

主应力/kPa			固结偏应力比	固结应力比	主应力系数	初始主应力方向角
σ_1	σ_2	σ_3	$\eta_0 = \dfrac{q_0}{p'_c}$	$K_c = \dfrac{\sigma_1}{\sigma_3}$	$b_0 = \dfrac{\sigma_2 - \sigma_3}{\sigma_1 - \sigma_3}$	α_0（°）
109.1	100	90.9	0.158	1.2	0.5	0°，45°，90°
114.3	100	85.7	0.247	1.33	0.5	0°，45°
120	100	80	0.346	1.5	0.5	0°，45°
128.9	85.6	85.6		1.5	0	
128	92	80		1.6	0.25	
126.8	95.9	77.3		1.64	0.375	
125	100	75	0.433	1.67	0.5	0°，45°
117.8	110.8	71.4		1.65	0.85	
114.4	114.4	71.1		1.6	1	
136.4	81.8	81.8	0.546		0	
130.4	91.3	78.3	0.47	1.67	0.25	0°，45°
125	100	75	0.433		0.5	
115.4	115.4	69.2	0.4615		1	
133.5	100	66.5	0.58	2	0.5	0°，45°
150	100	50	0.866	3	0.5	0°，45°
160	100	40	1.039	4	0.5	0°，45°
166.7	100	33.3	1.155	5	0.5	0°

已有的试验结果表明，固结路径对砂土剪切特性具有一定的影响。为了排除这种影响，

本部分试验统一地采用一种固结路径，即在不排水条件下同时施加内外侧压至设计平均固结压力，然后上下同时排水固结，等固结基本稳定后仍在排水条件下根据需要施加轴向荷载、扭矩或调整内外侧压使其达到所要求的偏应力，尽可能保证有效平均围压不变的情况下施加偏应力。

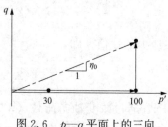

图 2.6 $p-q$ 平面上的三向
非均等固结路径

需要说明的是，无论采用哪种固结方式，通过分层干装法装好试样之后，为了避免试样扰动，通常先对试样施加 30kPa 的均等压力，然后依次通入 CO_2 和无气水使试样饱和。在此之后再开始不同固结方式的操作，固结过程中，试样体均采用上下两个方向同时排水。全部初始固结所需荷载施加完成后再继续排水固结约 30min，试样达到固结稳定。其固结路径如图 2.6 所示。

2.4.2 破坏标准

目前对破坏的理解有两种基本观点。一种观点是以应力为出发点，这种观点以锡德为代表。1964 年日本新泻地震后，锡德等基于均等固结的循环三轴试验结果研究了饱和砂土的液化特性，提出了以孔隙水压力首次达到三轴试样周围压力，有效应力为 0 时，饱和砂土试样达到液化状态，称为"初始液化"。饱和砂土的初始液化强调的是在循环荷载作用下孔隙水压力逐渐增加，有效应力逐渐降低，最终降低为 0 时所存在的一种状态。初始液化概念的提出是从应力的角度出发，着眼于应力的演化特征，认为当土在动荷载作用下的任何一个瞬间出现这个应力状态时，土体达到了初始液化状态。在循环荷载的持续作用下，会不断出现初始液化的应力状态，表现出土的往返活动性，土体变形逐渐累积，直至土体整体强度达到破坏或超过容许的变形失稳条件。这个过程始终是围绕初始液化进行研究的，必须要求初始液化状态的出现，否则不会有液化破坏的威胁。从这个观点出发，液化研究重点在于如何确定饱和砂土液化的可能性及其范围，并视初始液化的点和范围内土具有零值强度或刚度来进行土体变形分析计算，即分析计算到初始液化就停止了。第二种观点以位移为出发点，该观点以卡斯特罗，罗伯逊等学者为代表。他们认为工程结构物破坏的主要原因是产生过大的变形，与土体是否达到初始液化标准没有直接关系，即使土体没有达到初始液化状态，但土体由于结构破坏或孔隙水压力上升，从而引起强度弱化并出现液化状态的流动破坏，这种情况也可以认为土体发生液化了。反之，如果土体出现初始液化，但变形没有显著增加，从工程角度考虑，这种初始液化也是安全的。结合实际工程应用，变形流动特征也开始得到不少学者的注意。因为在有些条件下即使有很大的范围达到了液化的应力条件，但可能没有发生流动破坏；相反在很多条件下即使土没有达到液化应力条件，但却产生了足以使建筑物发生破坏的大变形。从工程应用角度出发应更注重变形的发展。

在不排水条件下，由于循环荷载的作用，孔隙水压力的增长和土体颗粒骨架结构的逐渐破坏是循环荷载作用的两个结果，无论从应力的角度还是从应变的角度来进行液化标准的确定都有其合理性的一面。目前，我国岩土工程界对第一种观点的描述比较熟悉，在诸多试验和工程规范及抗震设计中也是基于这种标准进行定义的，但如果从工程实际应用偏于安全的角度来考虑，第二种观点亦有其合理性。

本章针对福建标准砂在均等固结和非均等固结条件下的循环剪切特性试验研究分别采用了上述两种不同的破坏标准。

在均等固结条件下，按照通常初始液化的定义（即孔压达到周围压力）作为破坏标准。而在非均等固结条件下，即使循环剪应力水平很高，循环孔隙水压力的峰值也不会达到初始固结有效应力。从部分试验结果中发现，在循环荷载作用过程中，残余孔隙水压力最终将稳定在某一水平而不再增长，而各个变形分量仍会迅速发展。在这种条件下，本小节基于第二种观点以应变为液化标准。为了综合描述轴向应变、径向应变、环向应变和剪应变的发展效应，本小节试验中选取广义剪应变为应变特征参量，以广义剪应变达到 5% 作为液化破坏标准。

$$\gamma_{g} = \frac{\sqrt{2}}{3}\sqrt{(\varepsilon_1 - \varepsilon_2)^2 + (\varepsilon_2 - \varepsilon_3)^2 + (\varepsilon_3 - \varepsilon_1)^2} \tag{2.27}$$

式中，ε_1，ε_2，ε_3 依次为大主应变、中主应变和小主应变。

2.4.3　循环加载模式与应力路径

当不规则的循环或瞬时波浪荷载作用于海床时，土体单元三个主应力方向都会连续旋转，这种主应力轴的旋转会明显降低土体的抗液化能力，影响孔隙水压力的分布与发展。马德森、Ishihara 等将海床假设为均质弹性体，波浪荷载作用形式为正弦波，此时波浪荷载作用下海床内的应力变化具有广义剪应力幅值不变，主应力轴连续旋转的特性。为了更具有一般性，本小节选取主应力轴连续旋转，并且广义剪应力幅值也发生改变的应力模式。为了模拟这种加载应力路径，本文选取相位差为 90° 的轴向 - 扭转双向耦合椭圆应力路径试验。

在相位差为 90° 的轴向 - 扭转双向耦合剪切试验中，主应力轴连续旋转，为了研究两个互相垂直方向的动剪切分量对饱和砂土强度的影响，如前述章节所述，定义如下

$$q^* = \tau_{f\,|\,cyc} = \sqrt{\left(\frac{\sigma_z - \sigma_\theta}{2}\right)^2 + \tau_{z\theta}^2} \tag{2.28}$$

$$\lambda = \frac{(\sigma_z - \sigma_\theta)/2}{\tau_{z\theta}} \tag{2.29}$$

其中，q^* 为等效综合剪应力，用以描述椭圆应力路径试验中同时作用的竖向和扭转向剪切荷载耦合作用的综合大小，是所有具有相同椭圆面积的椭圆应力路径试验中剪切作用的一种等效描述；λ 为相对剪应力比，用以描述椭圆应力路径试验中同时作用的竖向和扭转向剪切荷载相对大小，反映一个方向加载与另一个方向加载的剪应力水平的差异程度。

在椭圆形应力路径所围椭圆面积不变的情况下对不同 λ 值进行试验，记为"固定 q^* 变 λ"试验，理想的加载模式是从类似循环扭剪逐渐变化到类似循环三轴扭剪，模拟波浪荷载以及地震荷载从远场到近场，竖向与水平向加速度峰值之比逐渐增大的情况，当 $\lambda = 0$ 时为循环扭剪模式，$\lambda = +\infty$ 时为循环三轴模式。同样在 λ 值不变的情况下，对不同的椭圆面积

进行试验，记为"固定 λ 变 q^*"试验。

同时还考虑各种不同初始固结条件对试验的影响，包括均等固结和非均等固结条件，其中非均等固结条件分别考虑了不同固结偏应力比、不同初始主应力方向角、不同初始中主应力系数的影响。

图 2.7～图 2.9 分别给出了均等固结条件下，椭圆形耦合剪切试验的加载路径。均等固件条件下，有效应力在试验初期几乎不衰减，但随着循环次数的增加，会突然发生衰减，并在 2～4 周内迅速衰减到零，液化发生。

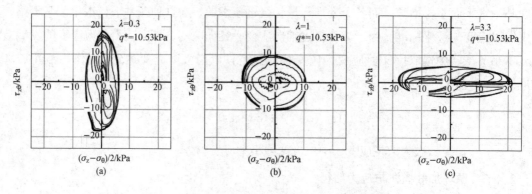

图 2.7　"固定 q^* 变 λ"试验的实测循环加载模式

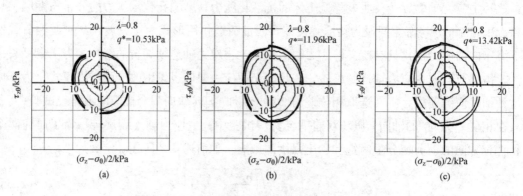

图 2.8　"固定 λ 变 q^*"试验的实测循环加载模式

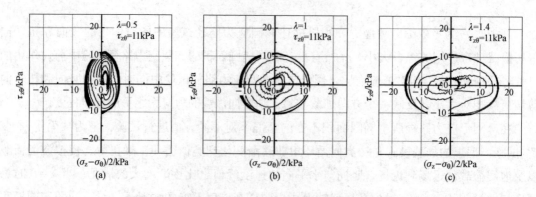

图 2.9　"恒定剪应力分量 $\tau_{z\theta}$"试验的实测循环加载模式

2.5　椭圆应力路径条件下饱和砂土的动强度特性研究

2.5.1　均等固结条件下的强度结果分析

对于上述复杂加载路径，下面分别考察椭圆应力路径试验中两个荷载分量大小的不同组合对动力条件下强度的影响。在均等固结条件下，选取初始液化的定义（即孔压达到周围压力）作为破坏标准。

1. "固定 q^* 变 λ" 试验

针对三组不同的等效综合剪应力 q^*，分别实现了至少 6 种不同相对剪应力比（λ）的椭圆应力路径试验。每组试验均保证 $(\sigma_z - \sigma_\theta)/2$ 与 $\tau_{z\theta}$ 应力空间内的椭圆应力路径所包围的面积不变，变化两个荷载分量幅值的比值，试验加载路径如图 2.10 所示。

在三组椭圆面积下的椭圆应力路径试验中，相对剪应力比（λ）与破坏振次（N_f）的关系如图 2.10 所示，砂土强度与椭圆形应力路径所包围的面积及相对剪应力比（λ）密切相关，即使在同一椭圆面积下所测得的土样强度也有显著的差异。从图中可以看出，当等效综合剪应力（q^*）保持不变时，土样会在 λ 达到某一临界值 $0.6 \sim 0.75$ 时表现出最高的强度，偏离此临界值越远，强度越低。此临界值记为 λ_c，如图 2.10 中所标示。当 λ 大于 λ_c 时，达到初始液化所需要的振次随 λ 的增大而减少；当 λ 小于 λ_c 时，达到初始液化所需要

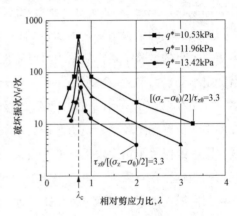

图 2.10　q^* 恒定时相对剪应力比与破坏振次的关系

的振次随 λ 的增大而增多。λ 接近 λ_c 时，较小的 λ 变化也会导致较大的强度变化；λ 偏离 λ_c 较远时，即使较大的 λ 变化也不会引起大的强度变化。另外，试验结果还表明，对于同一椭圆面积下，具有相同比值 $[(\sigma_z - \sigma_\theta)/2]/\tau_{z\theta}$ 与 $\tau_{z\theta}/[(\sigma_z - \sigma_\theta)/2]$ 的两组试验，后者表现出更高的强度，如图 2.10 中箭头所标示。说明类似循环扭剪条件下得到的土样动强度相比类似循环三轴条件下得到的强度高，与布朗热，郭莹等得到的双向耦合剪切试验所得到的动强度最低，循环三轴试验次之，循环扭剪最高结果一致。

2. "固定 λ 变 q^*" 试验

针对 5 组不同的 λ，分别进行了三种不同椭圆面积的试验。每组试验均保证相对剪应力比 λ 不变，变化椭圆应力路径所包围的面积，即变化 q^*，试验加载路径如图 2.11 所示。

在具有相同 λ 的椭圆应力路径试验中，等效综合剪应力（q^*）与破坏振次（N_f）的关系如图 2.11 所示。从图中可以看出，当相对剪应力比（λ）一定时，等效综合剪应力与取对数后的破坏振次基本呈线性关系，随着等效综合剪应力的增大，即椭圆面积的增大，试样破坏所需要的振次明显降低。当等效综合剪应力（q^*）较小时，相同 λ 所对应的破坏振次点

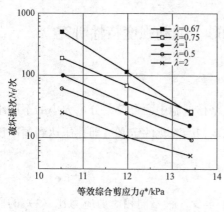

图 2.11 等效综合剪应力与
破坏振次的关系

较分散，而当 q^* 较大时，相同 λ 所对应的破坏振次点则较集中，这是因为当 q^* 足够大时，不管 λ 如何，试样都较快达到破坏振次点，所以相对的 λ 对强度的影响不够明显。另外，需要注意的是，λ ＝0.67 与 λ＝0.75 两条强度线在较大 q^* 处出现了交叉，显示出较大 q^* 处，λ＝0.75 表现处更高的强度，反映了临界值（λ_c）随着 q^* 的增大而略有增大。

3．"恒定某一荷载分量"试验

对剪应力与竖向应力均进行了保证某一荷载分量不变而变化另一荷载分量的椭圆应力路径试验，

试验加载路径如图 2.12 所示。图 2.12（a）为试验时保持竖向应力幅值大小不变，变化剪应力幅值大小的试验结果，图 2.12（b）则给出了保持剪应力幅值大小不变，而变化竖向应力幅值大小的试验结果。从图中可以看出，当保持椭圆形双向耦合剪切试验中的一个荷载分量恒定不变，而增大或减小另一个荷载分量时，试样达到破坏所需要的振次也随之减少或增多。如图 2.12（a）所示，图中两组数据的竖向应力差异较大，当剪应力较小时，两条曲线在图中的位置相距较远，说明两条曲线所对应的强度相差较大；而当剪应力较大时，两条曲线在图中的位置则相距较近，说明当某一剪切分量足够大时，另一剪切分量的大小对土样动强度的影响会相对减小。由于图 2.12（b）中所示两组数据的剪应力相差不大，所以从始至终两条曲线在图中的位置也都相距不远。另外曲线出现了交叉现象，表明在相同的竖向应力作用下，较大剪应力作用时的土样达到破坏时的振次反而比较小剪应力作用时提高了，与一般情况不符。如果考虑到相对剪应力比（λ）的影响，问题就容易解释了，虽然剪应力有所增大，但致使 λ 偏离 λ_c 更近了，从前面的讨论得知，这种情况下会导致试样强度的提高。

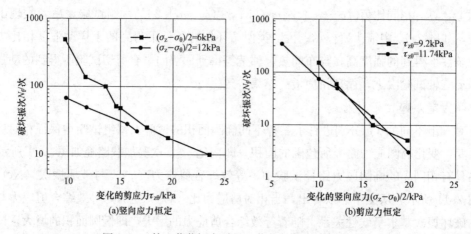

(a)竖向应力恒定   (b)剪应力恒定

图 2.12 某一荷载恒定时另一荷载与破坏振次的关系

4. 临界相对剪应力比（λ_c）的另一试验验证

为了验证选取 q^* 与 λ 两个参数后得到临界相对剪应力比这一结论的合理性，还定义了另一等效综合剪应力（q_1^*）来描述椭圆应力路径试验中两个剪切分量作用的综合大小，如图 2.13 所示。

$$q_1^* = \frac{1}{\sqrt{2}} \sqrt{\left(\frac{\sigma_z - \sigma_\theta}{2}\right)_{\max}^2 + (\tau_{z\theta})_{\max}^2} \qquad (2.30)$$

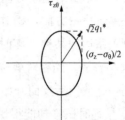

当为椭圆形试验的特殊形式圆形时，其数值上也等于圆的半径。同时利用相对剪应力比（λ）和 q_1^* 也可唯一确定描述椭圆应力模式中的那个椭圆。与"固定 q^* 变 λ"试验类似，同样可进行保持 q_1^* 不变，而 λ 变化的椭圆应力路径试验，以探寻相对剪应力比对饱和砂土样动强度特性的影响，实测的加载模式如图 2.14 所示。

图 2.13　q_1^* 在应力空间的定义

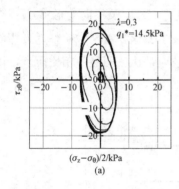
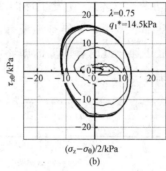
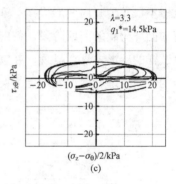

图 2.14　"固定 q_1^* 变 λ"试验的实测循环加载模式

在两组不同 q_1^* 值下的椭圆应力路径试验中，相对剪应力比（λ）与破坏振次（N_f）的关系如图 2.15 所示，图中曲线也出现了与图 2.10 类似的强度转折点，破坏振次同样在 $\lambda =$ 0.7 附近出现了峰值。这反映了在椭圆形双向耦合剪切试验中，两个荷载分量的相对大小与土样的测试强度之间确实存在关联，从而验证了试验所得临界相对剪应力比（λ_c）的合理性。

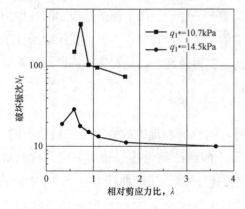

图 2.15　q_1^* 恒定时相对剪应力比与破坏振次的关系

综上所述，与圆形耦合剪切试验不同，椭圆形试验不能用一个确定的量来表达其强度，还必须考虑另外一个因素即相对剪应力比（λ），这样在表述其强度时就需要说明是在 λ 为多少时的强度。因此，本小节统一用相对剪应力比（λ）与等效综合剪应力（q^*）来联合表达椭圆形双向耦合剪切试验中所测得的强度。均等固结条件下，当椭圆应力路径试验中的等效综合剪应力保持一定而相对剪应力比变化时，所测得的土样动强度发生较大的变化，其中当相对剪应力比（λ）达到某一临界值（$λ_c$）时，土样表现出最高的强度，相对剪应力比偏离临界值越远，土样动强度越低。土体在承受两个方向荷载同时作用时，其本身对两个方向均有抗力，而且这两个方向的抗力大小并不相等，可能存在一定比例关系。另一方面，相对剪应力比 λ 反映了两个方向动应力幅值的相对比例大小，当这两种比例关系达到某种平衡时，土样就会产生足够高的强度。这在试验中已得到了证明，如果q^*大小合适，当相对剪应力比 λ＝$λ_c$ 时，土样可能永远达不到破坏振次点，孔隙水压力在上升到一定数值后反而开始下降，最终可下降到零；但是同一等效综合剪应力条件下，当 λ 偏离 $λ_c$ 较远时试样却能很快破坏。当然，如果等效综合剪应力（q^*）足够大，则即使 λ＝$λ_c$，试样也会较快破坏。

2.5.2 均等固结条件下的变形结果分析

图 2.16 给出了轴向‐扭转双向耦合椭圆应力路径试验所测应变的典型发展时程曲线。试样不仅发生竖向变形（$ε_z$），剪切变形（$γ_θ$），还发生环向变形（$ε_θ$）及径向变形（$ε_r$）。在施加循环荷载的前期阶段，各应变都非常小，试样基本没有发生变形，直至后期临近破坏阶段试样的变形才逐渐显现，并发展迅速，此时各应变的循环效应都比较明显。相比而言，试样的竖向变形和剪切变形更为突出。

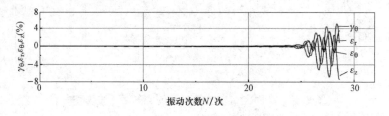

图 2.16　均压条件下的实测应变曲线

均等固结条件下的试验结果显示，试样应变的增长均先发生在拉伸应力条件下，但此时的有效应力条件尚未达到极限平衡条件。如同静力试验中一样，极限平衡条件表示的是砂土强度的极限，而砂土颗粒产生明显的剪切变形要发生的早一些。其后，不论是在压缩条件下还是拉伸条件下，土样都达到极限平衡条件，试样的应变迅速增大，呈现流动特性，即液化发生。

1. "固定 q^* 变 λ" 试验

均等固结条件下，当相对剪应力比（λ）不同时，试样所表现出的变形发展趋势不同，应力应变滞回曲线形状也相差较大，如图 2.17 所示。前面已经论述过相对剪应力比（λ）对土样动强度的影响，并找到了一个临界相对剪应力比（$λ_c$），强度曲线在小于 $λ_c$ 与大于 $λ_c$ 两种情况的变化趋势恰好相反。本节中的试验结果也显示出 $λ_c$ 对变形发展趋势的临界作用。

图 2.18 所示为加载时椭圆应力路径所包围的面积相等，但 λ 不等时的竖向应力‐应变

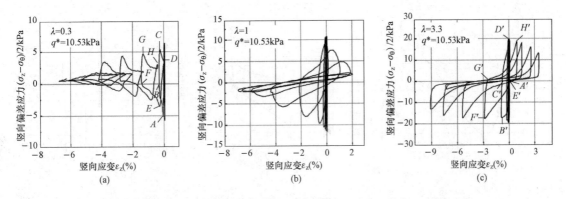

图 2.17　"固定 q^* 变 λ 试验"中所测的轴向应力 - 应变关系

关系。试验结果显示，尽管竖向拉伸和压缩方向的循环应力对称，但是两个方向所累积的应变却不对称，拉伸向的累积变形更大。以强度结果得出的临界相对剪应力比（λ_c）为界，当 λ 小于临界值（λ_c）时，尽管在拉压对称的竖向动荷载条件下，却只产生单方向的拉伸应变；当竖向动应力逐渐增大至 λ 大于临界值（λ_c）时，竖向应变逐渐呈现出双向循环累积特性，但拉伸向发展也更为迅速，且随着 λ 值逐渐增大，发生显著变形时的竖向应力衰减减缓。图 2.19 所示为与图 2.20 同一试验中对应的剪应力 - 应变关系，随着 λ 逐渐增大，剪应变逐渐倾向于单向发展，且试样破坏时的总应变中剪应变所占比重逐渐减小。

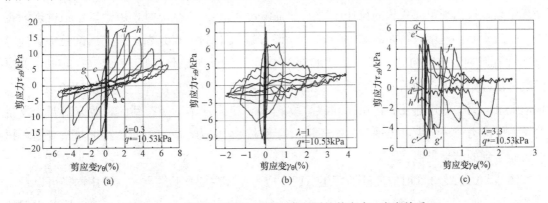

图 2.18　"固定 q^* 变 λ 试验"中所测的剪应力 - 应变关系

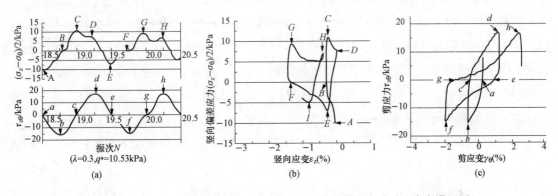

图 2.19　$\lambda=0.3$ 时变形发生后两周内的剪切荷载分量与应力 - 应变滞回圈

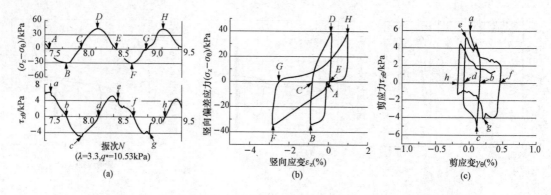

图 2.20　$\lambda=3.3$ 时变形发生后两周内的剪切荷载分量与应力 - 应变滞回圈

图 2.19 为 $\lambda=0.3$ 时应变开始发生后两个应力循环内的试验结果。图 2.19（a）中所标记的大小写字母分别与图 2.19（b）和图 2.19（c）中所标记的相同符号为同一时刻点，竖向应变自 A 点开始发生。当试验加载到第 18.5 个循环的 $A \rightarrow B$ 阶段时，竖向应力开始反向卸载，同时拉伸应变开始产生，直到 B 点时竖向应力反向卸载到零；紧接着竖向应力进入正向加载阶段 $B \rightarrow C$，拉伸应变出现少量回弹；到正向卸载阶段 $C \rightarrow D$ 时，应变向相反方向发展，此时需要注意的是 D 点处并未出现压缩应变，所以相当于应变仍在回弹；到反向加载阶段 $D \rightarrow E$，应变与 $C \rightarrow D$ 阶段相比有少量回弹；到此，竖向应变开始发生的第一个应力循环结束，仅出现单向累积的拉伸应变。当加载到第 19.5 个循环时，由于砂土强度逐渐丧失，应变开始迅速增长。如图 2.19（c）所示，剪应变也自 a 点开始发生。当试验加载到第 18.5 个循环时，与竖向应力相位差为 90°的剪应力开始反向加载，如图 2.19 中 $a \rightarrow b$，剪应变也随之开始发生；随后的反向卸载阶段 $b \rightarrow c$，应变仅有微量回弹；正向加载阶段 $c \rightarrow d$，剪应变又向另一侧迅速发展；正向卸载阶段 $d \rightarrow e$，应变基本不变；到此，剪应变开始发生的第一个应力循环结束，出现双向循环累积的剪应变。应力 - 应变滞回圈特征与常规循环扭剪试验得到的结果类似。

图 2.20 为 $\lambda=3.3$ 时应变开始发生后两个应力循环内的试验结果。从图中同样可以看出 $\lambda=3.3$ 时，竖向应变与剪应变分别自 $A'（a'）$ 点同时开始发生。但与 $\lambda=0.3$ 情况相反的是，竖向应变总是在竖向应力的加载阶段产生，反向加载时（$A' \rightarrow B'$）产生拉伸向的应变，正向加载（$C' \rightarrow D'$）时产生压缩向的应变，卸载时（$B' \rightarrow C'$、$D' \rightarrow E'$）应变基本不变。应力 - 应变滞回圈曲线特征与常规循环三轴试验得到的结果类似。$\lambda=1$ 时情况与 $\lambda=3.3$ 情况相同。由上可以看出，无论 λ 大于或小于临界值（λ_c），竖向应变总是始于拉伸应力条件下，且同时发生剪应变。当 $\lambda<\lambda_c$ 时，各应变随竖向应力的卸载而增长；当 $\lambda<\lambda_c$ 时，各应变随竖向应力的加载而增长。这是因为图 2.20（a）及图 2.20（b）中的竖向应力较小，剪应力占主导地位。当较大的剪应力加载时，剪应变发展迅速，土颗粒间有较大的相互错动，而应力单元其形状沿轴向并不对称，由此而产生了一定的竖向应变。当剪应力正向或反向卸载时，此时剪应变基本不变，土颗粒间几乎没有错动，而此时较小的竖向应力为反向或正向加

载，仅能引起少量的竖向应变，故竖向应变得到不断的单向累积。

2. "固定 λ 变 q^*" 试验

图 2.21 所示为相对剪应力比（λ）相同，但应力路径所包围的椭圆面积不等的轴向应力－应变关系。图 2.22 为与图 2.21 对应的同一试验中的剪应力－应变关系。从图中可以看出等效综合剪应力 q^* 对土样的变形趋势基本没有影响。

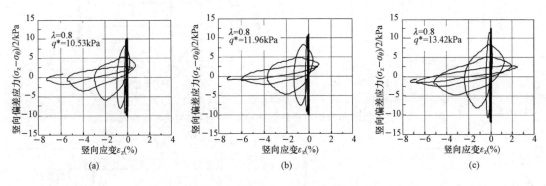

图 2.21　"固定 λ 变 q^* 试验"中所测的轴向应力－应变关系

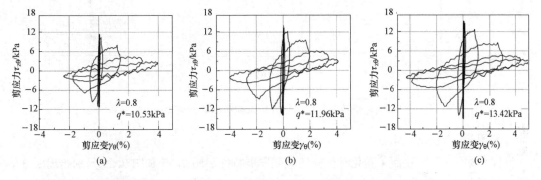

图 2.22　"固定 λ 变 q^* 试验"中所测的剪应力－应变关系

3. "恒定某一荷载分量" 试验

当保持某一荷载分量不变而变化另一荷载分量时，土样的变形趋势所发生的变化实质上也是由于竖向动应力幅值与剪应力幅值之比的变化。图 2.23 和图 2.24 分别为扭转向剪应力幅值大小相等，轴向应力幅值大小不等的试验结果。其中，图 2.24（c）为循环扭剪试验结果，即 λ 等于零的情况。由图可以看出，随着 λ 的逐渐减小，轴向应变也以 $λ_c$ 为分界点分别出现了双向循环累积以及单向累积特性。剪应变则基本都呈现双向循环累积特征。随着相对剪应力比的逐渐减小，图中的应力应变滞回圈所包围的面积逐渐减小，即一个应力循环内的能量耗散逐渐减小，所以即使轴向应力的大小相等，但达到破坏时的振动次数逐渐增多。与郭莹等人得到的双向耦合剪切试验条件下砂土的动强度明显低于单向剪切试验条件的结果吻合。轴向应力幅值大小相等，剪应力幅值变化的情况与上述情况类似，在此不作赘述。

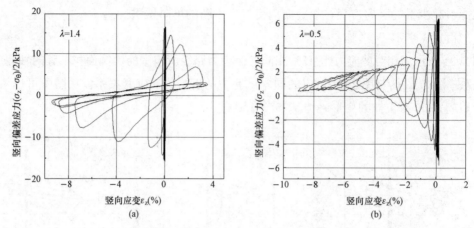

图 2.23 恒定扭转向剪切荷载分量试验所测的轴向应力 - 应变关系

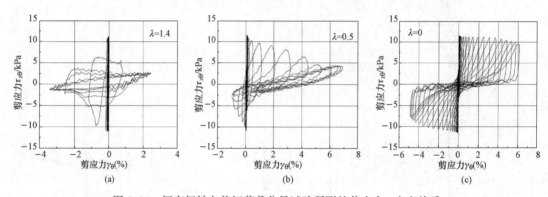

图 2.24 恒定扭转向剪切荷载分量试验所测的剪应力 - 应变关系

4. "固定 q_1^* 变 λ" 试验

同样考察了 q_1^* 不变而 λ 变化时土样的应变发展特性。图 2.25 和图 2.26 分别给出了在 q_1^* 值相同时的椭圆应力路径试验中，相对剪应力比（λ）对应力应变关系的影响。与"固定 q^* 变 λ 试验"中所得的结论相同，本节的试验结果也显示出了 λ_c 对变形发展趋势的临界作用。当 λ 小于临界值（λ_c）时，只产生单方向的拉伸应变。当竖向动应力逐渐增大，当 λ 大于临界值（λ_c）时，竖向应变逐渐呈现出双向循环累积特性，但拉伸向发展也更为迅速。随着 λ 逐渐增大，剪应变逐渐倾向于单向发展，且试样破坏时的总应变中剪应变所占比重逐渐减小。

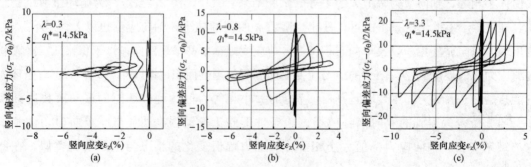

图 2.25 "固定 q_1^* 变 λ 试验"中所测的轴向应力 - 应变关系

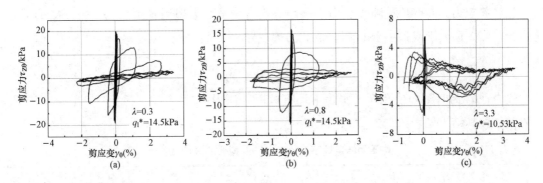

图 2.26　"固定 q_1^* 变 λ 试验"中所测的剪应力 - 应变关系

2.6　均等固结条件下的孔隙水压力增长模式

由于本小节选取初始液化标准作为均等固结条件下试验的破坏标准，故本节分析孔隙水压力的增长模式时均采用峰值孔隙水压力 u_p。

2.6.1　孔隙水压力随振次增长模式分析

图 2.27 所示为在均等固结条件下的椭圆应力路径试验中所测得的标准化峰值孔隙水压力比（$u_\mathrm{p}/p_\mathrm{c}'$）随破坏振次比（$N/N_\mathrm{f}$）变化的趋势，其中点折线为试验所得，光滑曲线为对试验点进行拟合后得到的曲线形式，如式（2.31）所示。锡德等根据饱和砂土试样在均压固结条件下进行的不排水三轴试验结果得出的孔压增长规律为反正弦曲线，但并不符合本节试验中得到的数据。

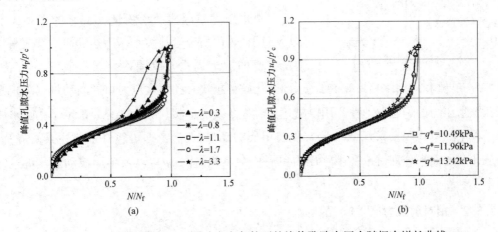

图 2.27　均等固结时，不同动应力条件下的峰值孔隙水压力随振次增长曲线

孔隙水压力在经历加载瞬间的快速增长之后，进入一个相对稳定的平稳增长期，在相对剪应力比（λ）与等效综合剪应力（q^*）的不同组合条件下，$u_\mathrm{p}/p_\mathrm{c}' \sim N/N_\mathrm{f}$ 曲线在稳定增长期都基本重合，只有到了试验的后期阶段，各条曲线才出现差别。与相对剪应力比对广义剪应变增长趋势的影响相同，当相对剪应力比（λ）位于临界相对剪应力比（λ_c）一定范围内

时，相对剪应力比对峰值孔隙水压力发展趋势没有影响，表现为各条 $u_p/p'_c \sim N/N_f$ 曲线完全重合，当 λ 远大于或远小于 λ_c 时，曲线出现差异。

$$u_p/p'_c = P_1 \cdot \left(\frac{-x}{x - P_2}\right)^{1/P_3} \tag{2.31}$$

式中，u_p 为时刻峰值孔压；p'_c 为平均有效固结压力；N_f 为破坏振次；P_1、P_2、P_3 为试验常数，其结果见表 2.5。

表 2.5　　　　　　　　均压固结条件下 $u_p/u_f \sim N/N_f$ 拟合曲线参数值

λ	P_1	P_2	P_3	拟合优度 R^2
λ 接近 λ_c	0.410	1.089	2.534	0.97
λ 远离 λ_c	0.425	1.112	2.364	0.985

孔隙水压力在平稳增长阶段，每个应力循环的孔隙水压力增长量基本保持恒定，每个循环内的孔隙水压力瞬态波动量也几乎不变。为了方便说明，定义相邻两个应力循环的孔隙水压力峰值差为单周残余累积量，记为 Δu；定义每个应力循环内孔隙水压力的波峰值与波谷值之差为此循环内的孔隙水压力单周波动量，记为 u_h。由于孔隙水压力的单调增长性，会导致任一时刻波峰值与前个或后个波谷值之差有所区别，如图 2.28 所示，将 u_{h1} 和 u_{h2} 二者取平均值，这样每周的孔隙水压力瞬态波动量（u_h）可由下式计算

$$u_h = (u_{h1} + u_{h2})/2 \tag{2.32}$$

而且理论上也应满足

$$\Delta u = u_{h1} - u_{h2} \tag{2.33}$$

孔隙水压力单周残余累积量（Δu）的大小决定了试验时试样体内所产生孔隙水压力达到初始有效平均压力所需要的振动周次，单周残余累积量（Δu）越大，达到液化破坏越快。孔隙水压力单周波动量（u_h）则反

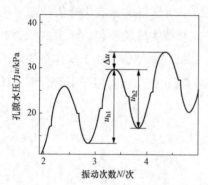

图 2.28　孔隙水压力增长模式示意图

映了孔隙水压力的瞬态波动性，用以描述其时程曲线的形状。综上，只要确定了孔隙水压力发展过程中的单周残余累积量（Δu）以及单周波动量（u_h），即可较好地描述其发展特性。下面从几个方面来分别讨论孔隙水压力单周残余累积量（Δu）以及单周波动量（u_h）的影响因素。

2.6.2　相对剪应力比（λ）的影响

选取了两组椭圆应力路径试验所测得的孔隙水压力结果进行对比分析发现，每组试验的动应力条件均为等效综合剪应力（q^*）不变，而相对剪应力比（λ）发生变化，分析结果如图 2.29 所示。发现孔隙水压力单周波动量（u_h）与相对剪应力比（λ）呈现良好的线性关系，前者随后者的增大而显著增长，且当等效综合剪应力（q^*）越大时，（u_h）随 λ 的增长越快。对图中两组不同等效综合剪应力（q^*）下的试验点分别进行线性拟合，见式（2.34）。孔隙

水压力单周残余累积量（Δu）与取对数后的相对剪应力比（λ）符合较好的二次曲线关系，如图 2.29（b）中所示，曲线形式见式（2.35）。当相对剪应力比（λ）为较小或较大值时，孔隙水压力增长较快，试样也易达到破坏，当相对剪应力比（λ）为某一特定值时，孔隙水压力单周残余累积量（Δu）达到最低，此时可得到试样的最高强度，从图 2.29（b）中可以看出，这一特定值在二次曲线的凹点处，即 0.7 附近，与前面的结论相符。

$$u_h = A + B \times \lambda \tag{2.34}$$

$$\Delta u = A + B_1 \times \log(\lambda) + B_2 \times \log^2(\lambda) \tag{2.35}$$

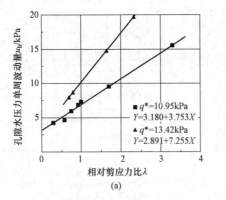
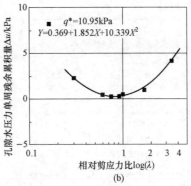

图 2.29　相对剪应力比（λ）变化的孔隙水压力增长特性

2.6.3　单个剪应力分量变化的影响

为探求单个剪应力分量如竖向循环应力或循环剪应力，对孔隙水压力单周波动量（u_h）以及单周残余累积量（Δu）的影响，选取了 5 组"恒定某一荷载分量"试验进行分析。图 2.30 分别为在"恒定竖向应力"试验中，孔隙水压力单周波动量（u_h）以及单周残余累积量（Δu）随剪应力分量（$\tau_{z\theta}$）变化的关系图。图中给出了两组不同的竖向偏差应力结果。图 2.31 分别为在"恒定剪应力"试验中，孔隙水压力单周波动量（u_h）以及单周残余累积量（Δu）随竖向应力分量（$\sigma_z - \sigma_\theta$）/2 变化的关系，图中给出了两组不同的剪应力结果，其中 $\tau_{z\theta} = 0$ 情况为循环三轴试验条件。由图可见，扭转向剪应力（$\tau_{z\theta}$）对孔隙水压力单周波动量（u_h）及其单周残余累积量（Δu）的影响趋势性较为明显，而竖向偏差应力（$\sigma_z - \sigma_\theta$）/2 对它们的影响则比较复杂，趋势性不太明显。孔隙水压力单周波动量（u_h）基本与扭转向剪应力（$\tau_{z\theta}$）无关，而受竖向偏差应力的影响很明显，从图 2.30（a）所示的两条代表不同竖向偏差应力幅值的曲线间隔可以看出。扭转向剪应力（$\tau_{z\theta}$）对孔隙水压力单周残余累积量（Δu）的影响十分显著，在有限范围内呈指数增长趋势，而且这个增长趋势在竖向偏差应力幅值较低的范围内受竖向偏差应力影响不大，因此图 2.30（b）中两条曲线相差也不是很大。但当竖向偏差应力幅值较高时，情况却发生了变化，孔隙水压力单周残余累积量（Δu）随竖向偏差应力幅值的增长也快速增长，如图 2.31（b）所示。图 2.31（a）所示的两组剪应力（$\tau_{z\theta}$）幅值分别为 9kPa 和 11kPa 的试验点，基本重合为一条直线，进一步说明了剪应力（$\tau_{z\theta}$）对孔隙水压力单周波动量（u_h）没有影响这一重要事实。

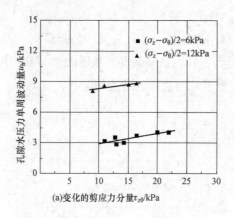 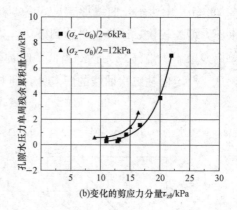

图 2.30　循环剪应力（$\tau_{z\theta}$）变化的孔隙水压力增长特性

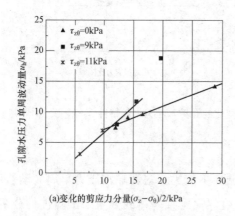 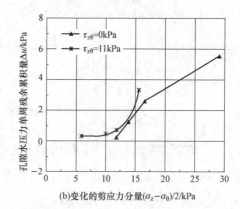

图 2.31　循环竖向应力（$\sigma_z - \sigma_\theta$）/2 变化的孔隙水压力增长特性

图 2.31 中另一组循环三轴试验条件（$\tau_{z\theta}=0$）下的数据，与有循环剪应力耦合作用下的椭圆应力路径试验结果有所差别。同样，图 2.31（b）中的两条曲线也存在差别。这可能与两种试验加载方式不同有关。图 2.30（b）以及图 2.31（b）中椭圆应力路径试验条件下的结果显示，孔隙水压力单周残余累积量（Δu）均随单个剪应力分量呈现良好的指数增长关系，见式（2.36）。

$$Y = A \cdot \exp(X/t) + y_0 \tag{2.36}$$

式中，Y 表示孔隙水压力单周残余累积量（Δu）；X 表示某个剪应力分量如竖向偏差应力 $[(\sigma_z - \sigma_\theta)/2]$ 或循环剪应力（$\tau_{z\theta}$）；A，t，y_0 为拟合参数值。

第 3 章　吸力式桶形基础动力响应分析理论

本章主要研究海洋吸力式桶形基础在动力荷载作用下的承载性能，因而选取的土体本构模型必须适用于动力加载条件。在研究地震荷载作用下吸力式桶形基础对饱和砂土抗液化性能的影响之前，应充分了解砂土液化的本质与机理，并选取合适的液化判别方法。在分析循环荷载对吸力式桶形基础承载性能的影响之前，应明确吸力式桶形基础极限承载力如何选取的问题。

3.1　土 体 动 力 本 构 模 型

3.1.1　动力本构模型的特点

相较于土体处于静力作用状态下的本构模型，动力本构有其独特的循环效应。当土体需承受循环荷载的反复作用时，动力本构模型可以体现出周期性动应力与自身应变的对应关系。土体发生的形变量由线性应变和非线性应变组成，线性应变主要指弹性阶段可恢复的形变量，当土体承受低强度的动荷载时，自身结构未受到破坏，卸载后形变可恢复初始状态；而非线性应变则主要考虑塑性变形量，土体所承受的动荷载已超过自身弹性变形的范围，产生塑性流动变形，卸载后形变量不可恢复。土体在动荷载影响下的形变特性会随荷载强度及施加的时间一起变化，首先进入弹性可恢复阶段，当动载强度逐步加大后，再进入塑性不可逆阶段。

图 3.1 是土体受动载影响时土内应力与形变间的关系曲线。从图中可知，动力荷载影响下的应力应变关系，最为明显的两个特点是非线性相关性以及变化曲线的滞后性。图 3.1 中虚线部分称之为骨干曲线，反映非线性相关这一特性。当动荷载变化到某一强度时，骨干曲线表示该点受力达极限状态时的动应力与动应变间的对应关系。图 3.1 中的滞回圈可以反映出土体动应力与动应变关系的滞后性，反映的是土体处于某一应力循环作用时，该次循环内应力强度与应变值两者间的对应关系。除此之外，滞回圈还可以表示出动力荷载影响下土体动应变变化的全过程。

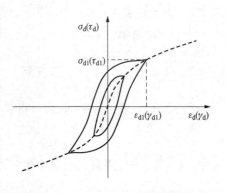

图 3.1　动力本构模型应力应变关系曲线

3.1.2　摩尔库伦强度理论

实际上，土体受外荷载作用时，土内应力值及土体形变量的关系十分繁杂，除上节所述的弹塑性、非线性特点外，还具有黏塑性、受剪膨胀等特性。此外，因土体自身组成结构的不同，所处状态及温度的差异，都会影响着土中应力路径的走向以及土体强度的发挥程度。目前，被绝大多数科学家们认同采纳的土体本构模型有两大类：①非线性弹性模型。当施加在土体上的荷载强度较小时，土体产生的塑性变形较小，可以将此部分塑性变形忽略，把土体看作是一种弹性材料。非线性弹性模型又分为 $E\text{-}u$ 型模型和 $K\text{-}G$ 型模型，前者应用更为广泛，如邓肯-张即为典型的 $E\text{-}u$ 型模型。②弹塑性模型。这种模型是将土体在各种荷载施加下产生的总形变量分为弹性可逆的变形和塑性不可逆的变形两大类，以摩尔库伦和德鲁克-普拉格为典型代表。摩尔库伦模型中所需的土体参数 c、φ 值可经多种常规性试验测得，相比于其他模型有着较好的可行性。本小节选用摩尔库伦本构研究桶形基础受外界动荷载影响时的承载性能。

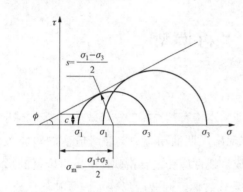

图 3.2　摩尔库伦破坏准则

摩尔库伦模型：假定土体内某一点处施加的外界剪切力大于该点能承受的最大剪力值时，该点即开始破坏。此时土体单元的剪切应力（τ）与作用于该平面内的正应力（σ）线性相关。图 3.2 表示的是摩尔库伦破坏准则，图中直线代表土体的抗剪能力，圆弧代表土体处于破坏状态时的摩尔圆。若摩尔圆与直线处于相离位置关系，代表此时的土体是弹性状态，不会产生塑性变形；若摩尔圆与直线处于相交位置关系，代表土体已塑性破坏，但现实中不存在此种情况，因而图中摩尔圆与直线的切点所对应的应力值（τ）就是土体的抗剪切力的极值。摩尔库伦强度准则为

$$\tau = c - \sigma\tan\phi \tag{3.1}$$

式中，τ 为剪切强度，σ 为正应力，c 为土体的黏聚力，ϕ 为土体的内摩擦角。

由摩尔圆可得：

$$\left.\begin{array}{l} \tau = s\cos\phi \\ \sigma = \sigma_{\mathrm{m}} + s\sin\phi \end{array}\right\} \tag{3.2}$$

式（3.1）、式（3.2）联合可得：

$$s + \sigma_{\mathrm{m}}\sin\phi - c\cos\phi = 0 \tag{3.3}$$

式中，$s = \dfrac{\sigma_1 - \sigma_3}{2}$ 代表最大与最小主应力差值的一半，即为最大剪应力；$\sigma_{\mathrm{m}} = \dfrac{\sigma_1 + \sigma_3}{2}$ 为最大与最小主应力的平均值。

摩尔库伦本构模型建立的前提是假设中主应力同土体是否破坏没有任何关系，而实际情况中，中主应力会在土体的破坏过程中发挥作用，但其效果很不明显。因此采用摩尔库伦本构模型进行简便计算时，计算精度是可以达到精度要求的。

按照摩尔库伦原理，土体单元屈服面上的平衡计算公式为：

$$F = R_m q - p \tan \varphi - c = 0 \tag{3.4}$$

式（3.4）中，$\varphi(T, f^\alpha)$ 为土体在子午面上的摩擦角，T 为温度，$f^\alpha(\alpha=1.2\cdots)$ 为影响土体力学性能的待定变量；$c(\overline{\varepsilon}^{pl}, T, f^\alpha)$ 表示土体的黏聚力按照等向硬化或软化方程的变化过程；$\overline{\varepsilon}^{pl}$ 为等效塑性应变，其应变率可定义为塑性功的表达式

$$c \overline{\varepsilon}^{pl} = \sigma : \varepsilon^{pl} \tag{3.5}$$

R_m 为摩尔库伦的偏应力系数，表达式为

$$R_m(\Delta, \phi) = \frac{1}{\sqrt{3}\cos\phi}\sin\left(\Delta + \frac{\pi}{3}\right) + \frac{1}{3}\cos\left(\Delta + \frac{\pi}{3}\right)\tan\phi \tag{3.6}$$

式（3.6）中，ϕ 为摩尔库伦模型屈服面在 $p - R_m q$ 平面上的斜角，通常是指内摩擦角；Δ 为广义剪应力方位角，如式（3.7）所示；p 为等效压应力；q 为 Mises 等效应力；r 为第三偏应力不变量 J_3。

$$\cos(3\Delta) = \left(\frac{r}{q}\right)^3 \tag{3.7}$$

如图 3.3 所示，摩擦角的大小直接关系着土体 π 平面上的屈服形状。当 $\phi=0°$ 时，摩尔库伦模型会转变为与土体单元围压不相关的特雷斯卡模型，屈服平面是正六边形状；当 $\phi=90°$ 时，摩尔库伦模型则转变成朗金模型，此时 π 平面内的屈服面为正三角形状，R_m 趋向于无穷。

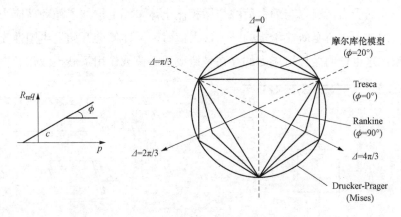

图 3.3　摩尔库伦模型中的屈服面

3.2　砂土液化理论

海洋基础工作环境受力复杂，除了海浪、海流等海洋特有的环境荷载外，地震荷载也会经常干扰基础结构的稳定性。当海底发生地震时，地震波会短时间内迅速向上传播到海床地基，作用形式为地震加速度。这种形式的荷载在几秒内便可使砂土颗粒发生高频率的振动，不仅破坏程度高，且作用范围广。地震荷载引发最严重的结果是砂土地基的液化。液化后的地基承载力会大幅度降低，严重的直接丧失承载能力，造成风机设施整体侧翻或垮塌。因

此，设计风机结构时砂土液化的风险应着重探究和分析。

3.2.1 地震作用下砂土液化的机理

地震动荷载极易引发饱和砂土发生液化现象，致使海床地基承载力丧失，海上风机结构整体失稳倒塌，危害严重。当砂土发生液化时，宏观上主要表现为喷砂、冒水，重量较轻的结构物会有上浮现象，而重量较大的结构物会短时间内出现滑移、沉降，进而失稳后倾覆破坏。分析砂土液化的本质原因：在地震等动荷载作用下，砂土颗粒不断振动，而振动引发的惯性力会因砂土颗粒的形状、质量不同在颗粒间造成差值。当惯性力差值大于相邻砂土颗粒之间的接触强度时，土体颗粒移动后便会脱离原有接触状态。液化前外界荷载经由土体颗粒间的相互接触作用持续地向地下传播，当这种接触传递作用消失后，外界力的受载对象便转移到水体上。但因砂土处于饱和状态，邻近土体颗粒中间的水无法在几秒内立刻向外流出，这便造成了海床地基内孔隙水压力急剧上升，砂土颗粒在水中悬浮，无法通过砂土间的颗粒接触传递荷载，承载力全部丧失。

单独取六面体土体单元分析其受力情况，地震荷载作用下土体单元上所受的循环剪应力是造成孔隙水压力变化的主要原因，这也是饱和砂土液化的根本原因。图 3.4 表示土体单元在静力荷载作用下的受力详图。σ 指的是该单元在竖直方向上的有效应力；$K_0\sigma$ 代表该单元在水平方向上的应力值；K_0 代表土单元侧向压力的比例系数值。图 3.5 所示为地震动荷载作用下土体单元的受力情况，与静力荷载作用相比土体单元上增加了循环剪应力 (τ)，当外界剪应力超过饱和砂土自身所能承担的外力最大值时，土体便会开始发生塑性流动变形，即出现液化现象。这也证明循环剪应力的存在是造成地震荷载作用下砂土液化的根本原因。

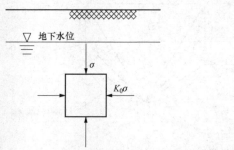
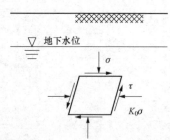

图 3.4　土体单元在静力荷载作用下的受力　　图 3.5　地震动荷载作用下土体单元受力

3.2.2 砂土液化的判别方法

判断饱和砂土是否发生液化，就需要建立一个标准的液化评判方法，这也是分析桶基受动力荷载加载后其承载特性有无变化的一个定量的衡量标准。目前常用的液化判别法有：临界标准贯入基数法、抗液化剪应力法、有效应力法等。现阶段判断地震作用是否造成土体液化常采用的是临界标准贯入基数法，但其应用的范围受土层深度的制约很大，只能在地表以下 0～15m 深度区间内适用。同时其受场地条件限制程度较大，并且忽略了上部结构对地基带来的应力作用，不适用于本小节。本小节结合桶形基础的结构特点，选用有效应力法判别砂土的液化情况。

　　饱和砂土由土颗粒骨架和水两大部分组成。当外界荷载施加于土体上时，绝大部分的荷载由土颗粒骨架直接承担，并通过颗粒间的接触作用将荷载向下传递。土颗粒孔隙间的水可以承载另外一小部分荷载，但其只能承受法向压力（σ），剪应力（τ）却不能承受。根据太沙基提出的有效应力原理，得到作用于土体单元任一平面上的应力表达式为：

$$\sigma = \sigma_s + \mu \tag{3.8}$$

式中　σ——作用于任一截面上的总应力，包括土体的自重以及附加应力；

　　　σ_s——由土颗粒间相互传递的应力，即有效应力；

　　　μ——由水承担的压力，即孔隙水压力。

　　施加地震荷载前，饱和砂土在自重及附加应力的长期作用下处于完全固结状态，颗粒孔隙间的水几乎不承担外力，水压力等于零，海床砂土的总应力只包括有效应力一项。施加地震荷载后，原本处于固结稳定状态的砂土颗粒受振动作用后逐渐失去彼此间接触独立于水体中。由于地震荷载作用时间短暂，土体中的水在短时间内来不及排出，海床地基中的超孔隙水压力快速上升。当土体不再承担荷载时，完全处于悬浮状态，此时海床地基中的总应力只包含孔隙水压力一项，能够有效抵抗外界荷载的应力为 0。锡德等人认为，地基发生液化的量化标准就是土内有效应力降至 0。据此，本小节选用有效应力原理作理论支撑，分析动载前后地基液化状况。借助 FLAC 3D 三维建模后，对模型施加地震加速度，计算海床地基特征点的总应力与孔隙水压力。当二者差值为 0 时，即可判定海床地基不能继续承载，处于液化状态。

🌱 3.3　地基极限承载力与破坏包络面理论

3.3.1　地基极限承载力

　　海上风机上部结构传来的荷载除桶形基础自身承担一小部分外，更重要的是靠桶形基础传递到下部砂土中。其中，承担上部结构传来荷载的海床砂土为持力层，持力层处于临界破坏状态时承担的外界荷载值就是地基极限承载力，用 q_{ult} 来表示。在进行桶形基础构造设计时须同时符合以下两大基本要求：

$$q_a > P_{max} \tag{3.9}$$

$$S_j < S_{max} \tag{3.10}$$

式中　q_a——海床地基的设计承载力，$q_a = q_{ult}/F_s$，F_s 为安全系数，q_{ult} 代表地基的极限承载力；

　　　P_{max}——表示桶形基础传来的最大竖向荷载；

　　　S_j——表示地基的计算形变量；

　　　S_{max}——表示地基的极限形变量。

　　由式（3.9）和式（3.10）可知，地基处于正常使用工作状态时，既不能因受剪切破坏而失去稳定性，也不允许其产生较大的形变量。因此对由桶形基础与海床砂土组成的复合地基进行设计时，也要重点考虑两大类问题：形变量的计算与地基整体稳定性的判别。我国相关规范中明确注明基础结构体系的安全系数值不可以小于 2，即 $q_a/P_{max} \geqslant K$，K 为安全系数。

通常在判定桶形基础是否已经处于极限承载状态时，可以借由外荷载与桶形基础形变量的 q-s 关系曲线。砂土地基的破坏形式分以下两种情形：一种是整体剪切破坏，当地基开始进入失稳破坏阶段时，q-s 曲线中会出现明显的拐点；另一种是局部剪切破坏，施加荷载的初始阶段便有塑性变形产生，加载全过程中 q-s 曲线上没有明显拐点存在，此时根据不影响桶形基础正常使用状态时的最大形变量所对应的荷载强度确定地基极限承载力。

3.3.2 破坏包络面理论

利用 FLAC 3D 软件计算海床砂土地基承载能力上限值时，外力的施加方法总体上分为两类：荷载控制法与位移控制法。将桶形基础承担的多种动力荷载作用转化为施加在桶形基础特征点处的竖向循环力（V）、水平循环力（H）以及循环弯矩（M），在桶形基础特征点上施加某种方向的位移（竖向位移、水平位移、转角位移），实时记录位移施加量与该位移量所对应的桶形基础反力值，作为桶形基础的承载力。当 q-s 曲线中出现塑性屈服状态时，即认为施加于桶形基础上该方向的荷载达到极限值，此时桶形基础于该点的反力值就是桶形基础在该方向上的极限承载力。荷载控制法计算效率低，精确度有待提高；而位移控制法可以快速高效地计算出桶形基础 q、s 值，并完成关系曲线的绘制，同时又能精准地判断桶形基础的工作状态。因此，本小节采用位移控制法研究桶形基础在动力加载下的承载特性。

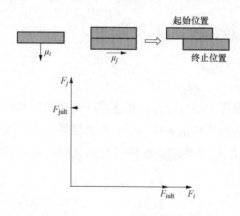

图 3.6　Swipe 位移加载法

FLAC 3D 数值计算海洋桶形基础在复杂循环力联合作用下受力状况时，只有按照合适的加载路径施加荷载才可以得到理想的计算结果，这样才可以准确判断出砂土地基到达极限承载状态时所对应的荷载组合值。通常采用 Swipe 法控制位移值，图 3.6 表示了 Swipe 位移施加方式，施加步骤如下：首先，沿 i 所示方向由 0 位移状态逐步施加位移 μ_i，直到 i 方向上到达荷载值不变而位移急剧发展的极限状态；其次，i 方向上的位移施加量不变动，再向 j 所示方向施加位移 u_j 直至桶体结构在 j 方向上也达到极限状态；最后，加载过程中得到的加载轨迹就是 i-j 荷载平面内的破坏包络面。

第4章 地震荷载下桶形基础对砂土抗液化性能的影响

深海工程结构建设投资大，其中决定上层结构稳定与否的关键部分就是基础结构。但我国东部沿海地区地震多发，并且海洋地质勘探结果显示，东部近海区域多为饱和砂土地质，吸力式桶形基础所处工作环境极易受到地震荷载的影响而出现海床地基液化的情况，致使桶形基础产生沉降变形，承载力降低，甚至出现风机结构整体倾覆的现象。因此，研究海床地基受地震荷载影响后，因桶形基础的存在对海床砂土抗液化性能产生的效应机制十分必要。现阶段各国学者普遍选用锡德－伊德里斯"简化方法"对海床砂土的液化状态进行甄别。当有地震加速度传递至地基土时，土颗粒间孔隙水压力会急剧地波动升高，当其增加到与震前土体总应力值相等时，依据锡德等人提出的有效应力原理，可判断此时地基土中有效应力消失，失去抗剪切变形的能力，达到液化的初始状态。本章以上述方法作理论支撑，借助有限差分软件 FLAC 3D 重点研究地震波施加前后的吸力式桶形基础对砂土抗液化效应的影响，选定合适的砂土液化本构模型，确定地震动荷载加载方式，动力计算完成后总结 7 级地震强度下土体孔压、竖向沉降及总应力的变化规律，并通过理论分析对此变化规律做出解释。

🌱 4.1 芬恩土体液化本构模型

FLAC 3D 提供了动孔隙水压力计算芬恩模型，该模型是在摩尔库伦模型基础上增加了动孔隙水压力的上升模式，并假定动孔隙水压力的上升与塑性体积应变增量有关。芬恩模型主要包括循环荷载作用下，土的体积应变和孔隙水压力的变化规律等内容，认为固结压力与塑性体积应变和循环剪应变幅值两者无明显关系，以及塑性体积应变增量只是总的累积体积应变和剪应变的函数。累计体积应变表达式如下：

$$\Delta\varepsilon_{vd} = C_1(\gamma - C_2\varepsilon_{vd}) + \frac{C_3\varepsilon_{vd}^2}{\gamma + C_4\varepsilon_{vd}} \tag{4.1}$$

式中，C_1、C_2、C_3、C_4 为模型常数；$\Delta\varepsilon_{vd}$ 为塑性体积应变增量；ε_{vd} 为总的累积体积应变；γ 为剪应变。

对于相对密度为 45% 的结晶二氧化硅砂，马丁等给出：$C_1 = 0.80$，$C_2 = 0.79$，$C_3 = 0.45$，$C_4 = 0.73$。

芬恩模型计算体应变值时需提前确定 4 个参数值，通常借助曲线拟合方式选取参数值的大小，过程十分烦琐。因此，伯恩对芬恩等人的模型进行优化，依托已有的测试数据，针对塑性应变增量提出更加准确快捷的计算方法：

$$\frac{\Delta\varepsilon_{vd}}{\gamma} = C_1\exp\left(-C_2\frac{\varepsilon_{vd}}{\gamma}\right) \tag{4.2}$$

式中，参数 C_1 和 C_2 在多数情况下存在以下关系：

$$C_2 = \frac{0.4}{C_1} \tag{4.3}$$

参数 C_1 与砂土的相对密度存在如下关系：

$$C_1 = 7600(D_r)^{-2.5} \tag{4.4}$$

同时，相对密度（D_r）与标准贯入击数（N_1）之间有如下经验关系：

$$D_r = 15(N_1)_{60}^{0.5} \tag{4.5}$$

将式（4.5）代入式（4.4）可得：

$$C_1 = 8.7(N_1)_{60}^{-1.25} \tag{4.6}$$

Byrne 关于孔隙水压力增量与体应变的计算表达式为：

$$\Delta\mu = M\Delta\varepsilon_v^p \tag{4.7}$$

$$M = K_m p_a\left(\frac{\sigma_v'}{p_a}\right)^m \tag{4.8}$$

$$\Delta\varepsilon_v^p = 0.5\gamma C_1\exp\left(-C_2\frac{\varepsilon_{vd}}{\gamma}\right) \tag{4.9}$$

式中，$\Delta\mu$ 为半个周期循环荷载产生的孔压增量；M 为侧限模量；σ_v' 为半个周期循环荷载对应的竖向有效应力；p_a 为大气压力，同 σ_v' 单位一致；$\Delta\varepsilon_v^p$ 为半循环荷载产生的体应变增量。

当饱和砂土发生液化时，砂土由固态转变为液态，由于液化后土体的黏滞力对土体动力特性影响较小，因此不考虑其作用，那么液化砂土的抗剪强度为 0，将液化这个定义和特征表示为动荷载作用下的广义剪应力（q）和有效球应力（p）的变化时，则有：

$$q = \frac{1}{2}\sqrt{(\sigma_1'-\sigma_2')^2+(\sigma_2'-\sigma_3')^2+(\sigma_3'-\sigma_1')^2} = 0 \tag{4.10}$$

$$p = \frac{1}{3}(\sigma_1'+\sigma_2'+\sigma_3') = 0 \tag{4.11}$$

解之得：$\sigma_1' = \sigma_2' = \sigma_3' = 0$

式中，σ_1'、σ_2'、σ_3' 为液化时的 3 个有效主应力。这表明，当有效应力等于零时，饱和砂土开始液化。根据有效应力原理，式（4.11）可以写为 $\sigma_1' = \sigma_2' = \sigma_3' = \mu$，即当土体发生液化时，$\sigma_1'$、$\sigma_2'$、$\sigma_3'$ 为液化时的 3 个总主应力，μ 为液化时的孔隙水压力。这说明，饱和砂土单元 3 个方向的主应力都等于该时刻的孔隙水压力时，土体开始液化。

🌱 4.2 海洋桶形基础数值分析模型

4.2.1 数值计算模型

本章采用有限差分软件 FLAC 3D 对深海工程结构吸力式桶形基础进行三维建模。桶形基础安装定位于水下 9m 深处，圆桶体基础的直径为 4m，基础埋深为 4m，侧壁厚度为 20mm。海床地基尺寸为 12m×12m×16m。土质划分为两层，上层土厚度为 12m，下层土厚度为 4m，加载运算时地基土全部设置为液化土层。探究桶形基础对海床地基土抗液化作用效应，土体是本章关注的重点，因而对深海工程结构的上部设施进行简化处理，将上部设施的竖向荷载施加到桶形基础顶面并将其换算为均布荷载，换算后的结果为 30kPa。

在静力自平衡阶段，将上部结构竖向均布荷载一次性全部施加，静力自平衡计算结束后，动力分析开始。模拟地震对土体的影响时，将其按照加速度时程由地基模型的两侧直接输入。本章的研究对象桶形基础设定其工作于海洋饱和砂土之中，土质较为松散，故桶体与地基土之间设为库伦摩擦接触，摩擦系数为 0.42。海床地基与桶形基础组成的整体三维模型如图 4.1 所示。

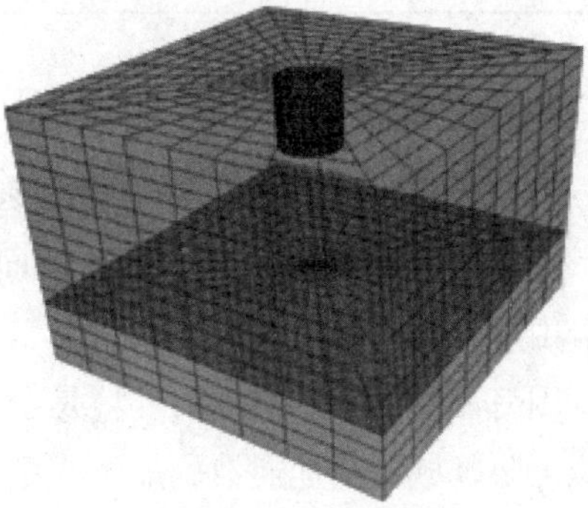

图 4.1 桶形基础与海床地基三维网格模型

4.2.2 力学参数

在进行地震动荷载对海洋饱和砂土液化的分析计算之前，需先得到桶形基础一定范围内的海床土受自身重力作用和桶体影响后的固结状态，计算在静力荷载作用下桶形基础周围各特征点处海床砂土的有效应力，以静载工况下土体有效应力作为后期地震作用结果的参照，对比分析海床砂土的液化状况。静力计算部分完成后，在静力加载结果的基础上施加地震动荷载，开始地震动力分析，通过地震荷载影响前后土体有效应力的变化，判断海床土的液化范围，并分析海床土体内孔隙水压力、沉降变形以及应力的分布规律，总结桶形基础对海床砂土地基抗液化效应的影响机制。

因而本章计算内容包括静力作用与动力作用两部分，静力加载阶段，海床土体采用摩尔库伦本构关系，模拟桶形基础在自身重力、水压力、上部结构物的竖向压力等静载下的自平衡，桶形基础结构物本身选用线弹性本构关系。各组分的力学计算参数见表 4.1。

表 4.1 各组分的力学计算参数

组分	密度/（kg·m⁻³）	弹性模量/MPa	泊松比	渗透系数/（cm·s⁻¹）	内摩擦角/（°）
砂土层 1	1450	4.8	0.38	$3.07×10^{-3}$	30
砂土层 2	1500	5.3	0.40	$3.10×10^{-2}$	36
桶形基础	7850	$2.1×10^5$	0.31	—	—

动力分析阶段，采用 FLAC 3D 内嵌的动孔隙水压力计算模型—Finn 模型，模拟海床土在动荷载作用下的孔压积累直至砂土液化的过程。Finn 模型假定土体内动孔隙水压力的上升与塑性体积应变增量有关，所需确定体积应变的参数见表 4.2。

表 4.2   **Finn 模型计算参数**

增量参数	ff_c1	ff_c2	ff_c3	ff_c4
设定值	0.8	0.79	0.45	0.73

4.2.3 边界条件

静载分析阶段，桶形基础首先受重力作用处于初始平衡状态，对边界条件进行如下设定：海床地基模型沿 X 向的两个侧面仅限制其 X 向自由度，沿 Y 向的两个侧面仅限制其 Y 向自由度，而底部沿 X、Y、Z 的三向自由度均锁定。

因海洋桶形基础所处的环境是一个半无限空间，在进行动力分析时，如果采用有限边界模拟无限区域，当地震波施加于模型边界时，会有反射发生，致使地震动荷载计算精确度大大降低。FLAC 3D 所提供的自由场边界条件与无限场地有相同效果，所以在动力分析阶段，本章选用此种边界条件，将静力分析时在模型底部施加的各项自由度限制条件全部解除，海床地基的四周设成自由场边界，而海床地基的顶面设置为排水边界。本章对海洋桶形基础设计的抗震设防烈度定为 7 度，动力计算开始前，在 FLAC 3D 中以加速度的方式向地基两侧施加人工地震波来模拟地震作用。

🌱 4.3   海床砂土地基中孔隙水压力分布特性

本研究模型取海床砂土的总高度为 16m，已有研究表明，桶形基础对海床土体的影响程度会随距离的增加而减弱。因此，为观察海床砂土不同深度处的孔压变化规律，同时提高分析效率，本节选取距桶形基础上边缘 5m 内海床砂土作为重点研究对象。沿桶形基础的中轴线，向下分别取桶内土深 0m、1m、2m、3m、4m、5m 处节点为监测对象，记录该节点处孔隙水压力随地震波时程的变化情况，分析桶形基础对海床地基孔隙水压力的作用规律，各观测节点的孔隙水压力时程曲线如图 4.2 所示。

本章地震动荷载的施加总时长为 10s，由图 4.2 可知，不同土层深度处各观测节点的孔隙水压力变化规律大致趋势相同。在施加地震动荷载的前 0.5s 内急剧增加，0.5～4s 内孔隙水压值上下波动激烈，震动幅度较大，4s 后各节点孔隙水压力仅在小范围内上下浮动，均趋于稳定。桶内土深 0m、1m、2m、3m、4m、5m 处各节点孔隙水压力稳定值见表 4.3。海床砂土在深度较浅区域孔压稳定值较小，较深区域孔压稳定值较大，说明桶形基础及其上部荷载的存在可以有效降低海床土内孔隙水压力的增长。

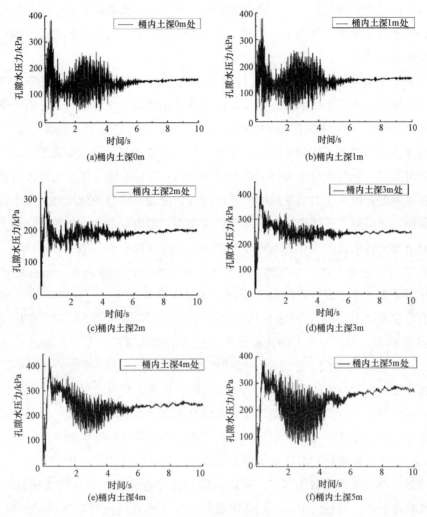

图 4.2　沿桶轴不同深度处各点孔隙水压力时程曲线

表 4.3　　　　　　　　　　　　沿桶轴不同深度处各点孔隙水压力稳定值

土层深度/m	0	1	2	3	4	5
孔隙水压力/kPa	148	159	206	241	250	280

　　针对不同地基深度处观测节点的孔隙水压力值，具体研究孔压升降情况与地震波的关系。由图 4.2（a）和图 4.2（b）可知，靠近桶形基础顶端的海床土体的孔隙水压力在地震动荷载作用下先上下强烈波动，再趋于稳定，最终稳定在 150kPa 左右，孔隙水压力稳定值小于桶内其他深度处土体的孔压值。海床较浅部分的土层在桶形基础的影响下，其孔隙水压力的时程曲线并没有一个明显的先上升再消散的走势。这是由于桶体内侧的上部土体不仅受到了桶壁的侧向环箍作用，桶基上顶面的存在也阻断了孔隙水向外排出的路径，该部分孔隙水集中在桶壁内部无法及时消散，受地震动荷载作用，孔压值上下波动幅度较大。并且桶体顶面均布荷载的施加对靠近桶基顶部的土体产生了较大的附加应力作用效应，这种附加应力

45

的存在提高了桶体内上侧地基土抵抗液化的能力，受地震波影响时可以维持较高的地基稳定性。因而相较于其他深度处观测节点，桶基内侧上部地基土的孔隙水压力波动曲线趋于稳定时维持在较低水平值上。

由图 4.2（c）和图 4.2（d）可知，位于桶基内部下端的海床地基土孔隙水压力在地震动荷载作用下先上升再消散最后趋于稳定，沿桶体中轴线向下土深为 2m 处的地基土孔压力值最终稳定在 200kPa，桶内深度 3m 处地基土孔压力值最终稳定于 250kPa。这是由于桶基内侧下部地基土虽仍受到桶体侧壁的环箍制约，但随其与桶基上顶面距离增大，桶基顶面的制约效应相对减弱，孔隙水可由桶体下部向桶外排出，因而孔隙水压力可以及时消散，海床地基中土颗粒间的孔隙水压力值随时间的波动曲线，更具有明显的规律性。随土体深度的增加，桶基顶面均布荷载产生的附加应力作用效应减弱，桶内下部土体的抗液化能力低于上部土体，因而下部土体的孔隙水压力不再剧烈波动后稳定在较高水平值上。

由图 4.2（e）和图 4.2（f）可知，海床土靠近桶形基础底端的部分的孔隙水压力在地震动荷载作用下先上升再消散最后趋于稳定，地基土深度为 4m、5m 时，海床砂土的孔压值最终均稳定在 250kPa 左右，地震动荷载施加前期的孔压仍会上下波动，变化发展形势同埋深 2~3m 处相似。而当地基土的孔隙水压力进入消散阶段后，其上下波动的幅度较桶内下部埋深 2~3m 处更加激烈。这是由于桶基底端的土体不再受到桶壁的侧向环箍作用，桶顶均布荷载产生的附加应力的作用效应也更加微弱，桶基对提升海床地基土抵抗液化能力的作用效果不再显著，并且位于桶基底端部分的地基土在地震波施加过程中会与基础下端发生剪切挤压作用，这也是致使孔隙水消散阶段孔压值上下波动幅度增大的原因。

图 4.3 表示地震加载前后海床地基中孔隙水压力云图变化情况。由图 4.3（a）和图 4.3（b）对比可知，在地震动荷载作用下，桶形基础内部靠近桶顶端处的海床土体的孔隙水压力值没有大幅度上升，而桶内下部、桶体底端的地基土的孔压值明显出现较大幅度的上升。沿桶内侧中轴线靠近桶基下端的区域，海床砂土孔压较为集中，并且量值较大。相反，在同一深度，桶内贴近侧壁部分地基土的孔压值却处于较低水平。由此可知，桶基上部结构物带

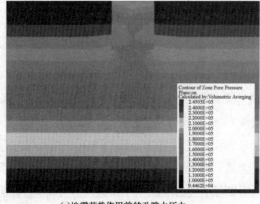 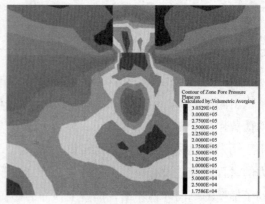

(a)地震荷载作用前的孔隙水压力　　　　　　　　(b)地震荷载作用后的孔隙水压力

图 4.3　地震动荷载作用前后的孔隙水压力

来的均布荷载会在海床地基中引起附加应力，这种应力可以显著提高地基土抵抗液化的能力。桶体自身侧壁的环箍作用也能抑制地基土液化程度。此外，桶形基础底端桶土相互接触部分的土体孔隙水压力较大，说明桶基下端在地震施加过程中的剧烈震动，并与周围地基土发生相互剪切、挤压作用，加剧地基液化的程度。

4.4　海床砂土地基的沉降变形规律

同样选取桶体内部自地基上表面起向下深 5m 内海床砂土作为重点研究对象。沿基础的中轴线，选取地表以下深 0m、1m、2m、3m、4m、5m 处节点作监测对象，记录该节点处竖向沉降量随时间的变化情况，总结桶形基础对海床砂土沉降变形的作用规律并分析其本质原因。图 4.4 为桶内不同深度处观测节点的沉降值时程曲线，图 4.5 为地震动荷载作用完成后的海床地基整体沉降值分布云图。

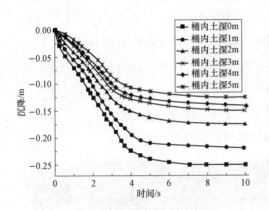

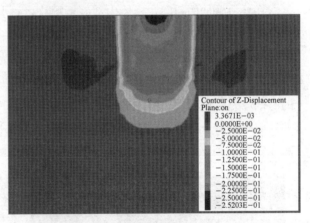

图 4.4　桶内不同深度处观测节点的
沉降值时程曲线

图 4.5　地震动荷载作用完成后的海床地基整体
沉降值分布云图

图 4.4 反映不同深度处海床地基土的沉降与地震波加载时程的关系。桶内各观测节点处，海床土下移累计值随时间的发展趋势相同。在地震荷载施加过程中，0~4s 内地基土沉降值急剧增加，这与 4.3 节中地基土孔压值在地震加载前 4s 内急剧上升的规律相同。分析原因为地震加载前期，海床地基中砂土颗粒受震动快速失去接触，孔隙水压力呈大范围波动式上升，短时间内致使地基抵抗外力剪切的能力快速下降，变形大量积累，桶基整体迅速沉降。地震波加载 4s 后，沉降累积量增长缓慢并趋于稳定。因为此时海床地基中的孔压值不再大幅度波动，趋向于稳定水平，同时地基土的抗剪强度也维持一定水平上，地基的变形减少，因而沉降值不再有较大的变化。并且土体沉降总值及变形速率与地震加载时间及地震波波峰紧密相关，本章选用的七级人工地震波在 4s 时到达峰值，随后振幅逐渐降低，所以土体在 4s 后振动幅度减小，沉降量增加速度减缓，当地震波振幅降低为零后，土体沉降累积值维持在稳定值上。

由图 4.5 地震波加载完成后的沉降分布云图可知，桶内不同土深处的竖向沉降量累计值随土层深度的增加逐渐降低。地震加载完全结束后，桶内顶部土体的下移量最大，大致为 25cm。原因分析：动荷载引发地基沉降的主要原因是施加地震波明显提高了海床砂土孔隙水压力，海床土抗剪切能力下降，剪切变形积累致使土体发生沉降。此外，桶形基础上顶面还直接承受上部均布荷载的作用，桶内顶部土体除地震动荷载外还要承受较大的竖向荷载，外力作用值最大，所以该部分土体的沉降量最大。而桶体下端的地基土周围无桶壁封闭，孔隙水流动性好。在地震波加载初始阶段，未达到使砂土颗粒间失去接触的强度。下部海床地基中的孔隙水可以向外排出，桶端砂土压实挤密，抗剪切变形能力大于桶内上部土体。因而自海床上表面向下地基沉降累计值越来越小。

🌱 4.5　海床砂土地基的应力分布规律

在外力施加的瞬间，桶体内部砂土颗粒间的水无法立刻排出。而水是一种不可压缩的流体，该部分不能立刻向外排出的水使得海床地基不会出现明显的形变。在初始时刻主要靠桶基内侧砂土颗粒间的水承载，地基有效应力几乎为零。随着静力荷载作用时间的延长，桶形基础内部土体中的水不断排出，承载静力荷载的主体由水不断转移到土颗粒上，海床砂土内的有效应力快速增大。静力平衡后，地基沉降变形量不再明显变化，孔隙水压力也将降低为零。此时由砂土颗粒承担所有的静力荷载，海床砂土中的有效应力等于总应力，分布规律如图 4.6（a）所示，该计算结果是下一步地震动荷载计算的初始条件。

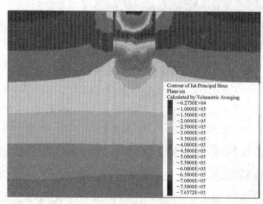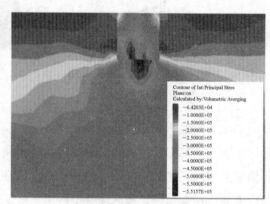

(a)震前主应力分布　　　　　　　　　　　　(b)震后主应力分布

图 4.6　地震动荷载作用前后土体主应力分布

对比图 4.6（a）和图 4.6（b）地震加载前后海床地基主应力分布图，可知桶体振动时，基底下端与其周围海床土发生剪压作用，致使桶基下端附近的土体出现了应力集中现象，这与图 4.3（b）中桶基底部土体孔隙水压力集中的现象相对应，进一步证实了桶基底端与海床土的相互作用是造成桶体底部土体孔隙水压力消散阶段波动幅度较大的主要原因。

将图 4.3（a）与图 4.6（a）、图 4.3（b）与图 4.6（b）分别联合分析，依据 Seed 有效

应力原理，海床地基内总应力由有效应力与孔隙水压力两部分组成。当有效应力为零时，地基开始出现液化现象。沿桶形基础中轴线向下分别取桶内土深 1m、2m、3m、4m、5m 处各点的应力值作为研究对象，地震加载前后应力计算值见表 4.4。

表 4.4　　　　　　　　　　　　地震加载前后地基不同深度处的应力

土深/m	震前			震后		
	主应力/ (10^5Pa)	孔隙水压力/ (10^5Pa)	有效应力/ (10^5Pa)	主应力/ (10^5Pa)	孔隙水压力/ (10^5Pa)	有效应力/ (10^5Pa)
1	4.11	1.44	2.67	4.05	1.87	2.18
2	3.52	1.53	1.99	4.14	2.46	1.68
3	3.46	1.62	1.84	4.31	2.62	1.69
4	3.44	1.74	1.70	4.43	2.78	1.65
5	3.99	1.57	2.42	5.12	3.27	1.85

　　由表 4.4 可知，地震波加载完成后，桶体内侧地基土的有效应力值虽然降低但并未至零，说明位于桶体内侧的地基土无液化现象，桶体侧壁的环箍作用能够显著增强海床地基抵抗液化的能力。此外，桶体内部趋近于桶顶端的地基土，其有效应力大于中下部及桶外部地基土，再次证明桶基上部结构物带来的均布荷载会在其下部海床土内引起附加应力，这种应力可以显著提高地基土抵抗液化的能力。综上，桶形基础对土体内应力分布有较大的影响，能提高海床地基抵抗液化的能力。

第 5 章　单一循环荷载作用下桶形基础承载性能研究

深海工程结构所处的工作环境十分复杂，除因其地处地震多发区而应考虑地震动荷载外，还要深入分析桶基工作于海洋环境下海上风浪等循环荷载带来的影响。当海洋结构处于正常工作状态时，相较于地震动荷载而言，桶形基础承受更多的动荷载是风、浪、流等多种环境荷载的联合循环作用。因此，本章将多种形式的环境荷载简化为竖向、水平、弯矩、扭矩四个方面的单向循环力，重点分析海床地基中桶体在单向循环力作用下的破坏机理及承载性能。

本章仍采用 FLAC 3D 数值分析软件，计算模型及地质参数同第 3 章所述，桶形基础桶体长 $L=4\text{m}$，直径 $D=4\text{m}$，基础埋深 $L/D=1$。边界约束条件为海床土顶部自由，其他各面均设置为法向固定约束。采用位移控制法在桶形基础顶面中心分别施加竖向循环位移、水平循环位移、循环转角、扭转位移，总结桶基在饱和砂土中的破坏机理，计算得出桶基结构在竖向、水平、弯矩、扭矩四种单向循环力作用下的极限承载力，并与理论计算值对比。

🌱 5.1　桶形基础竖向循环荷载作用下的极限承载力

本节以巴特菲尔德提出的右手定则为基础来表述荷载与位移参数。具体描述见表 5.1。

表 5.1　　　　　　　　　　　　荷载与位移表示方法

荷载	方向		
	竖向	水平	力矩
循环荷载	V	H	M
无量纲化荷载	V/AS_u	H/AS_u	M/AS_u
位移	v	h	θ
无量纲化位移	v/D	h/D	θ
极限承载力	V_{ult}	H_{ult}	M_{ult}
承载力系数	$N_V=V_{ult}/AS_u$	$N_H=H_{ult}/AS_u$	$N_M=M_{ult}/AS_u$

注：A 为桶基底面积，D 为圆桶的直径，S_u 为海床地基不排水状况下的砂土抗剪切能力。

5.1.1　单一竖向循环力作用下土体破坏机理

图 5.1 (a) 和图 5.1 (b) 给出了桶形基础受竖向循环力作用后海床地基的位移矢量和形变分布云图。从图中可得，桶基发生竖向破坏时桶内中上部地基土并未发生较大沉降变形，桶内下部靠近桶壁处的土体以及与桶基底端相互接触的地基土却有较大竖向沉降变形

出现。由于桶形基础顶盖及侧壁的约束作用，桶基内中上部土体仅竖直向下移动，无向外流动的趋势，而桶基中下部土体向外围呈扇状流出。这是由于竖向循环力作用下桶基底端与其周围土体发生剪切破坏，桶基下移，已破坏的土体受桶基的下移挤压后向外侧流动。

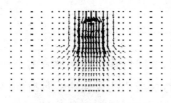  

(a)位移矢量　　　　　　　　(b)形变分布云图　　　　　　　(c)等效塑性区应变

图 5.1　竖向循环荷载作用下桶形基础破坏机制及等效塑性应变

图 5.1（c）表示桶形基础受竖向循环力作用后海床地基的塑性应变分布情况。从图中可知，竖向循环力作用下桶形基础桶壁外侧底端区域地基土形成连贯破坏区域，此破坏区域呈扇形排布，与位移矢量的变化趋势一致。说明桶形基础底端与海床砂土接触部分的剪切作用使得桶基底部较大范围内土体发生塑性破坏，并呈扇状向外侧移动。桶基外侧土体在竖向循环力作用下也发生塑性破坏，造成桶壁与外周土体接触部分分离，有裂缝产生。

因此，在竖向荷载重复加载作用下，海床地基发生破坏的主要区域是在外侧桶壁和与桶体底部相连接触部位。如果把桶体与其内部地基土视为一体，则与重力式基础在相同埋深条件下的破坏模式具有相似性。

5.1.2　桶形基础竖向极限承载性能分析

魏锡克提出了考虑海洋环境下的地基竖向承载能力上限值（N_{ult}）计算方法：

$$N_{ult} = \xi_s \xi_d N_c A S_u \tag{5.1}$$

式中，$\xi_s = 1.2$，表示对桶基承载力进行形状修正；$\xi_d = 1 + 0.4\arctan(L/D)$ 表示对桶基承载力进行埋深修正（L/D 代表桶体长度和直径的比例）；S_u 表示软黏土地基处于完全不排水条件下的抗剪强度；$N_c = 2 + \pi$ 表示不排水条件下海床地基的承载力系数值；A 为桶形基础的底面积。然而式（5.1）没有考虑土体黏聚力的影响，因此邓与卡特提出了桶形基础考虑地基内部土颗粒间黏聚力影响下的修正公式：

$$V_{ult} = N_p \xi_s \xi_{ce} A S_u \tag{5.2}$$

式中，$N_p = 9$ 是抗拔力系数；$\xi_{ce} = 1 + 0.4(L/D)$ 反映桶形基础埋置深度的影响程度。

武科采纳公式（5.2）进行吸力式单桶基础抗压承载特性计算时，发现该公式对桶体与海床土之间直接接触部分的黏结作用并没有考虑在内，因此对桶形基础竖向承载能力极限值的计算又提出了新的修正公式，如公式（5.3）所示。

$$N = \left(4 \frac{L}{D} \xi_s \xi_d N_c\right) A S_u \tag{5.3}$$

根据以往经验公式，计算结果见表5.2。

表5.2 根据不同经验公式得出的竖向承载力系数

经验公式理论计算结果	竖向承载力系数
魏锡克公式	8.11
邓、卡特公式	15.12
武科修正公式	12.12

通过数值计算得出了桶形基础在竖向循环力作用后基顶面的竖向位移、竖向承载力与循环加载步数的曲线图，如图5.2和图5.3所示。两图中位移量与承载值的变化曲线具有相同的发展趋势：竖向循环力的循环加载步数在4000内时，桶基竖向位移、竖向承载力快速上升；循环加载次数达4000步后，竖向位移、竖向承载力增长速度放缓最后趋于稳定。由此可知，在竖向循环加载步数前期，桶形基础与海床砂土间相互挤压、剪切现象明显，桶基快速下移；循环加载步数后期，桶基下部海床砂土已压实挤密，土质强度增大，不易受桶基底端的剪切作用破坏，竖向位移增长减缓并趋于稳定。

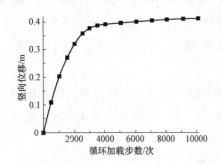

图5.2 基顶面的竖向位移与循环加载步数的
关系曲线图

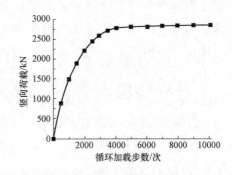

图5.3 基顶面的竖向承载力与循环加载步数的
关系曲线

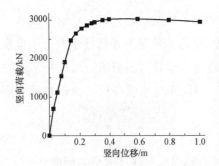

图5.4 桶形基础竖向承载力与位移的
关系曲线

图5.4表示桶基在竖向循环力反复施加作用下，其竖向承载力与位移的关系曲线图。可以看出，在竖向沉降值未达到0.15m内，两者的关系按正比例线性增长；当竖向沉降值（竖向位移）处于0.15～0.28m之间时，桶形基础竖向承载力增长速度减缓；当桶基竖向沉降值超过0.28m后，随竖向位移的增加，桶基竖向承载力不再增加并保持现有稳定值，曲线斜率为0，表明此时的竖向承载力已经达到极限水平；当竖向沉降值超过0.4m时，曲线有轻微的下降趋势。以往研究表明，在基顶竖向沉降值达到（3%～7%）D范围内后，基础将开始出现失稳破坏。因此，本小节采用位移达到7%D时对应的外力承载力作为桶体在海床地基中失稳破坏的判断标准，即桶形基础的竖向承载极限状态发生在竖向位移达到0.28m时刻，此后桶基将开始出

现失稳现象。此时竖向承载力的数值计算结果为 2856kN，换算为承载力系数为 37.8，这与经验公式所得计算结果有很大差异。

本节主要研究了桶形基础在海床砂土环境下受单一循环力反复影响时的力学承载性能。通过模拟发现对桶形基础施加竖向循环力之后，当其未达到极限承载力之前，竖向承载力随着循环加载次数的增多而持续增长。在这个过程中，桶内和底部的海床地基土不断受到挤压、震动后变得愈发密实，海床地基自身的承载性能也逐渐得到增强。然而，对于目前已有的经验公式来说，其研究的特定对象多为软黏土，并未考虑砂土压实紧密后自身承载力增强的特点，因此本节用已有公式所得的计算值与数值模拟结果相差较大，传统公式不适用于海洋砂土地基环境的相关计算，需要做进一步的改进。

5.2　桶形基础水平循环荷载作用下的极限承载力

5.2.1　单一水平循环力作用下土体破坏机理

图 5.5（a）和图 5.5（b）表示桶形基础在水平循环力作用下海床地基土的位移矢量和形变分布云图。桶基在水平方向的承载能力达到极限值时，桶体内部地基土的形变无明显特征，随桶体一起向右侧移动。桶基外部靠近桶顶、桶底两部分地基土出现较大的形变量，桶基上部主动区土体与桶侧壁间分离，产生裂缝，被动区地基土受到桶体侧壁的挤压所用向上隆起；桶基下部主动区地基土因桶壁旋转移动向左下方发生流动，被动区地基土受桶基下部挤压向左上方移动。由此可见，水平循环力作用下桶形基础将以桶顶以下、桶底以上某点为旋转中心发生转动，这一形变特征与范庆来等人提出的桶形基础在水平循环力作用下，桶体的旋转中心深度在桶体内部的观点相同，也就是说，当桶长与直径的比例既不过高也不过低时，转动中心会在基础上下两端之间的一点上。

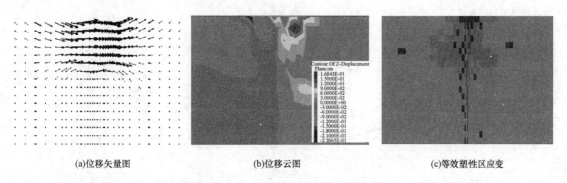

(a)位移矢量图　　　　(b)位移云图　　　　(c)等效塑性区应变

图 5.5　水平循环力作用下桶形基础形变位移与塑性区变化

图 5.5（c）是对桶形基础施加水平循环力作用后海床地基的塑性应变分布情况。从图中可以明显看出，因桶体自身刚度较大，桶内土体受桶基封固作用无明显塑性破坏，但是海床地基与桶体底部相接的区域会出现较大范围内塑性破坏，塑性破坏区在桶基下端呈扇状连贯分布。分析图 5.5，本小节中的桶形基础在水平循环力作用下的旋转中心位于桶体内部沿

中轴线埋深 2/3 处，桶体外部的右侧被动区域与桶壁接触的海床地基受到挤压后隆起破坏，此时桶体外部左侧主动区域地基土与桶壁分离后出现裂隙，开裂深度即旋转中心的位置。综上所述，在水平循环力加载作用下，海床地基的破坏区域主要分布在桶壁外的主动区域、桶壁外靠近海床表面的被动区域以及基础底部，并且桶壁对于抵抗水平力作用时的倾覆效应具有重要意义。

5.2.2 内外桶壁上土压力分布

在水平循环力作用下，桶形基础外侧与海床土直接接触的区域产生主、被动区，为了进一步探究桶基受水平循环力作用后横向失稳的原因，开展桶侧壁周围土压力计算分析是很重要的一步工作。图 5.6 和图 5.7 表示四种水平循环力施加强度影响下，桶形基础外侧壁的前侧位置和后侧位置土压力大小分布情况；图 5.8 和图 5.9 表示同样四种施加强度的水平循环力作用下，桶形基础内侧壁的前侧位置（被动区域）和后侧位置（主动区域）土压力大小的分布情况。图中所述 H/H_{ult} 为不同强度值下的水平循环力与基础水平向承载能力极限值的比。

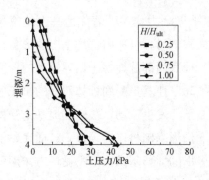

图 5.6 桶基外壁 - 后侧土压力

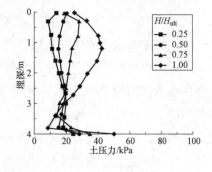

图 5.7 桶基外壁 - 前侧土压力

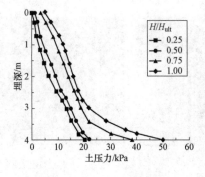

图 5.8 桶基内壁 - 前侧土压力

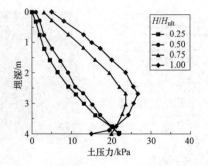

图 5.9 桶基内壁 - 后侧土压力

观察图 5.6 中桶体外壁后侧主动区上部埋深较浅区域土压力的分布状态，可以看出地基土侧压力值随着水平循环力施加强度的增大而趋于弱化。当水平循环力达到一定强度水平时，桶体与地基间的接触断开产生空隙，因此土压力分布值逐渐降为 0 值。相反的是，受水平循环力作用，桶体下部对后侧被动区土体产生挤压作用，故而海床地基土侧压力是随水平循环力施加值的提高而增大。当土侧压力值大于桶体横向承载能力上限值时，桶基础便发生了旋转。该结果与前面分析桶体结构在水平循环力作用下绕桶体中的某个点发生旋转后倾覆的机理吻合。这种规律与竺存宏的研究结果具有一致性。图中不同荷载强度作用下土压力变化曲线的交叉点即为水平循环力作用下桶形基础转动倾覆的旋转中心，位于桶体埋深 $2/3L$ 处。

观察图 5.7 中桶形基础外壁前侧被动区上部土侧压力的分布状态，可以看出随着水平循环力施加值强度的提高而趋于强化，这与桶体上部挤压地基土强度增加有关。然而在靠近桶基底部区域，即桶体埋深 $2/3L$ 处，随着水平荷载强度的增加，桶基底部不断转向后方，海床地基中的土压力逐渐由被动状态转为主动状态。在这一转化的过程中，作用在桶体侧壁上土压力强度的变化规律为先降低后升高。将本小节数值模拟的结论与陈福全模型试验的结论对比可得，两者具有较好的一致性，从而验证了本小节结论的合理性。

对于桶壁内侧土压力的分布规律，从图 5.8 和图 5.9 中可以看出，桶基内部位于旋转中心以上的土体，随着水平循环力施加值的增大，桶体内部左右两侧土压力均有增大的发展形势，并且在中上部位置桶内左右两侧土压力分布沿侧壁均呈现出线性分布的特征，即土压力值的变化形态没有随着荷载值的增大而出现明显的波动变化。然而水平循环力的施加值达到极限水平时，根据曲线变化可以看出，内壁前侧的土压力显著增大，后侧土压力就会显著减小。通过机理分析可以对上述土压力变化现象做出如下解释：在桶体产生旋转失去横向稳定性时，桶底外侧被动区的海床地基土会发生向桶内挤压的现象，以至于桶体被动侧内壁的土压力快速增大；而对于桶底内部后侧海床地基，当桶体旋转时内部砂土易发生泄漏，造成桶内后侧壁上的土压力降低。上述机理是早期学者在使用基础内部土体泄漏量计算圆桶结构旋转失稳过程中抗倾覆有效比的关键理论依据。

5.2.3　桶形基础水平极限承载性能分析

通过对桶体受水平循环力加载时的数值分析可得，桶体结构与内部地基土有效耦合成一共同体，而桶基外部区域的土体与桶体本身相比刚度较弱。因此，桶基础受水平循环力作用下发生失稳的模式可以归纳为以刚体转动为主，并且在转动过程中会发生轻微的整体侧移。对于桶体周围的海床地基而言，被动区以剪切变形为主，主动区的桶土之间会产生裂缝。总体来看，桶形基础发生横向失稳时与刚性基础异曲同工。

在已有研究结果的基础上，本小节对桶形基础在水平循环力作用下的承载力极限值进行分析。结合土压力分布状态，桶形基础极限平衡时受力情况如图 5.10 所示。

图中，P_H 为水平荷载，H 为桶高，D 为桶径，f 为土体对桶的水平抗力，σ_x 为桶前壁土体的水平抗力，σ_z 为基础底面土体的竖向抗力。

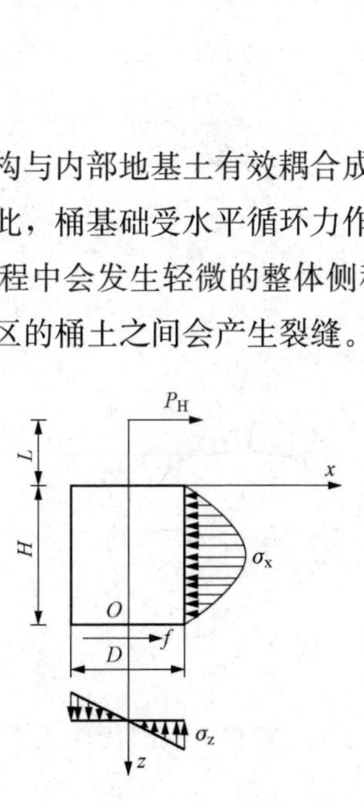

根据数值计算结果可以把桶前壁土侧压力近似看成二次曲线分布，而处于被动区与 x 轴夹角为 0 的海床地基部分，其沿径向的土侧压力可以用式（5.4）来表示

图 5.10　桶形基础极限平衡状态时受力情况

$$\sigma_{x\theta} = K_1(z-H)z \tag{5.4}$$

式中，H 表示基础高度；K_1 表示水平方向的承载能力安全系数。

任意埋深下与水平向夹角为 θ 的海床地基土沿径向分布的水平土体抗力为：

$$\sigma_r = K_1(z-H)z\cos\theta \tag{5.5}$$

式中，z 为埋深。则 x 轴方向的水平土抗力为：

$$\sigma_x = K_1(z-H)z\cos^2\theta \tag{5.6}$$

由 Winkler 定理可得桶基底部的竖向应力发展规律：

$$\sigma_z = K_2 x \tag{5.7}$$

式中，K_2 表示竖直方向的承载能力安全系数，土抗力分布形式如图 5.11 和图 5.12 所示。

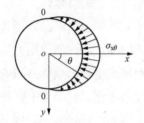
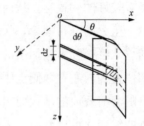

图 5.11　土抗力沿环向分布　　　　图 5.12　桶侧壁土抗力积分图

根据对 O 点的力矩平衡方程 $\sum M_O = 0$ 得：

$$P_H H - \iint_{S1}\sigma_x(H-z)\mathrm{d}s - \iint_{S2}\sigma_z x\mathrm{d}s = 0 \tag{5.8}$$

其中，S1 体现的是水平向的土抗力分布空间大小，S2 体现的是基础底部的面积大小。

由于 $x = \dfrac{D}{2}\cos\theta$，对式（5.8）进行整理并按照图 5.11～图 5.13 采用柱坐标系积分得：

$$P_H = \frac{-K_1 D\displaystyle\int_0^H\int_0^{\frac{\pi}{2}}\cos^2\theta z(z-H)^2\mathrm{d}z\mathrm{d}\theta + 4K_2\displaystyle\int_0^{\frac{\pi}{2}}\cos^2\theta\mathrm{d}\theta\int_0^{\frac{D}{2}}r^3\mathrm{d}r}{H} \tag{5.9}$$

$$P_H = \frac{-K_1 D\pi H^3}{48} + \frac{K_2\pi D^4}{64H} \tag{5.10}$$

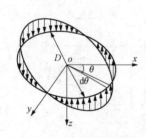

选取二次曲线分布下的桶体前侧土内压力最大值为 $11S_u$，则 $K_1 = -\dfrac{34S_u}{H^2}$；最大竖向地基反力取 $6.5S_u$，则 $K_2 = \dfrac{13S_u}{D}$。

因此，针对本小节模拟的工况进行计算可得桶基水平向抵抗倾覆失稳的承载极限值为 329.8kN。

图 5.13　桶基底部土抗力积分图　通过数值计算得到了在水平循环力作用下基础水平位移、水平承载力大小与循环加载步数之间的关系曲线，如图 5.14 和图 5.15 所示。水平位移、承载力与循环加载步数的关系曲线趋势相同，水平力循环加载步数前 5000 内，水平位移、承载力快速上升；循环加载次数达 5000 后，水平位移、承载力

增长速度减缓最后趋于稳定。由此可知，水平荷载循环加载前期，海床砂土在与桶基相互挤压、剪切作用下，发生塑性破坏的区域流动变形致使桶基产生较大位移，未受破坏部分的砂土不断压实挤密，土质强度增大，抵抗桶基底端的剪切作用能力增强，因而循环加载后期位移增长减缓并趋于稳定。

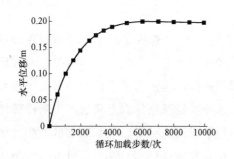

图 5.14　基础水平位移与循环加载步数的
关系曲线

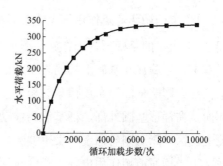

图 5.15　水平承载力与循环加载步数的
关系曲线

图 5.16 描述了桶形基础受水平循环力反复加载作用下桶体承载特性与形变量的对应变化关系。加载前期两者呈线性增长关系。当水平位移值达到 0.15m 时，曲线开始出现拐点，线性增长关系结束，此后随着水平位移值的增加，外力承载值增长速率放缓；当水平位移值达到 0.23m 后，桶体可承担的水平向循环力达到上限，此后位移发生快速持续增加，但承载力呈缓慢下降趋势，说明桶体开始发生翻转倾覆。而桶基在海床地基中的设计承载值介于"拐点值"与"极大值"之间。

由 5.2.2 可知，桶形基础的在水平方向上的承载力极限值可以根据循环荷载与水平位移间的关系曲线得到，通常该曲线分为两种典型情况：陡变型和缓变型。陡变型关系曲线中会出现清晰的第二个转折点，该转折点过后基础水平位移快速增加，但是可承载的外力值大小将不再产生变化，即曲线斜率近似为 0，桶基附近海床地基进入塑性流动阶段，故可将该拐点所对应的荷载值作为海床地基中桶基的水平承载极限值；缓变型关系曲线中不会出现清晰的第二个转折点，此时需要依据水平位移量的大小来提出桶体的承载极值。对于这方面的

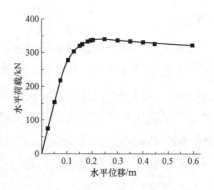

图 5.16　桶形基础水平承载力与
位移关系曲线

研究，詹云刚在 2010 年就提出选用水平位移量达到 $0.02(L+L_1)$ 时对应的外力值大小当作黏土地基中桶形基础的承载上限，L 是桶壁高，L_1 是荷载施加位置距离桶顶的高度。李驰认为通常选取桶体上顶面沿水平加载方向的位移量达到 $0.1D$ 时对应的外力值大小当作软土中桶体的水平承载上限值。综合已有研究内容和模拟计算结果，本小节选取在水平循环力加载作用下的桶体顶部沿横向位移量达 $5\%D$ 时对应的荷载值，将其作为海床地基中桶形基础的水平方向承载力的上限值，也就是说桶体处于承载极限状况时，其顶部位移值是 0.2m，

水平方向的承载上限值是 337kN，与理论计算结果相符。

5.3 桶形基础在循环弯矩作用下的抗弯极限承载力

5.3.1 单一循环弯矩作用下土体破坏机理

图 5.17 表示的是桶形基础在施加循环弯矩作用下海床地基的破坏机理和塑性形变分布情况。其中，当施加在基础上的循环弯矩值达到极限水平时，发生在海床地基中的破坏模式与水平循环力影响下的分布规律具有相似性，即以桶体结构内部某点作为中心产生半环状旋转破坏面。在桶形基础外部，桶基前侧被动区海床土受桶壁挤压向上隆起产生塑性破坏，桶基后侧主动区海床土则与桶壁间发生裂隙，造成裂缝贯通式破坏。桶基底端桶土相互接触部分的地基土受桶底剪切作用也发生塑性破坏，呈扇状发散式分布。综上，可以得出循环弯矩和水平循环力对海上桶形基础的作用效果高度相似，均影响着桶体的横向稳定性。

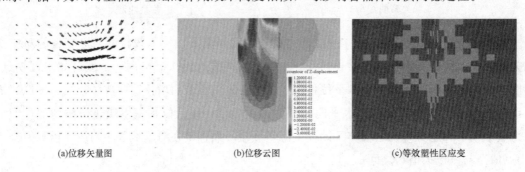

(a)位移矢量图　　　　(b)位移云图　　　　(c)等效塑性区应变

图 5.17　循环弯矩作用下桶形基础破坏机制及等效塑性分布

逐渐增加转角位移的循环次数，在桶形基础由静力平衡状态到极限抗弯承载状态这一过程中，随着循环弯矩值的增加，桶基底部桶土相互接触部分的海床地基最先发生塑性变形。桶形基础本身以桶内某点为旋转中心发生转动，该部分桶底砂土受到基底移动的剪切作用，破坏后呈圆弧状塑性流动。基础底部被动侧土体开始向外部流出并挤压尚未破坏区域的土体，同时桶底外侧主动区的土体开始向桶内流动补充。当桶基顶面转角达 0.02rad 时，桶基外侧中上部地基土在主动区与桶壁分离，产生较大裂缝。而内部地基土全程均无明显塑性破坏。

5.3.2 桶形基础抗弯极限承载性能分析

本节针对循环弯矩作用在桶形基础上的问题，通过开展数值计算得到了桶顶面转角位移、外力承载力与循环加载步数的关系曲线，如图 5.18 和图 5.19 所示。转角位移和抗弯承载力两者与循环加载步数的关系曲线发展趋势相同，水平循环加载步数的前 4000 步内，桶顶面的转角位移值、外力承载力快速上升；循环加载步数在 4000～7000 步之间时，转角、承载力虽仍继续增加但涨速明显减缓；循环加载步数达 7000 步后，转角位移、承载力已无明显涨幅并趋于稳定。这一规律与水平循环力作用下海床地基形变发展、承载力变化趋势是相似的，原因机理相同，此处不再赘述。

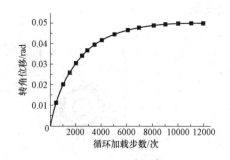

图 5.18　桶顶面转角位移与循环加载步数的
关系曲线

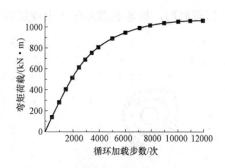

图 5.19　抗弯承载力与循环加载步数的
关系曲线

图 5.20 是桶形基础抗弯承载力与转角位移的关系曲线。其中，在循环弯矩施加前期，两者基本保持线性增长的关系；当转角值大于 0.035rad 后，形变继续增加，但抗弯承载力增量明显减少；当转角值大于 0.05rad 后，即使桶顶面的转角位移值继续增大，但是桶基的弯矩承载力将不再增加，反而具有下降趋势，说明这时的桶基已经处于抵抗弯矩倾覆的极限状态。其中，詹云刚认为应当以发生 0.01rad 转角位移时施加循环弯矩的大小来表示基础抵抗弯矩倾覆的极限值；刘润等综合考虑了桶体直径、壁厚等基本参数的影响，建议选用发生 0.05rad 转角位移时施加循环弯矩的大小表示桶基抗弯极限值；由此可以看出，对于桶形基础极限抗弯承载值的确定尚无统一完备的观点，主要矛盾点在于不同桶基尺寸与地质条件产

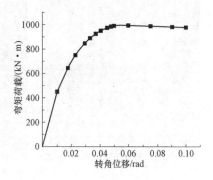

图 5.20　桶形基础抗弯承载力与
转角位移的关系曲线

生的实际影响。由于已知循环弯矩作用下的破坏机理、变形规律均与水平循环力加载时相似，因此结合海床地基的位移矢量图 5.17（a），并参考水平循环力模式下确定旋转中心的方法，规定选取海床表面以下桶内埋深 2/3 处的位置作为循环弯矩作用下桶体的转动中心，具体数值选取 0.05rad 转角位移时的循环弯矩值 1061.9kN·m 作为极限抗弯承载力。

🌀 5.4　桶形基础在循环扭剪力作用下承载特性分析

海上风机桶形基础除要受到竖向循环力、水平循环力、循环弯矩三种动荷载作用外，风、浪等海洋环境下的复杂荷载产生的联合作用还会以扭剪的形式施加到桶基上，所以针对桶形基础在循环扭剪力影响下的破坏机理及承载性能的研究不可忽视。

图 5.21 和图 5.22 表示了不同埋深条件下桶形基础在循环扭剪力作用下的海床地基土位移矢量及塑性变形分布情况。由图可知，在循环扭剪力作用下，海床地基土以桶体中轴线为旋转轴，形成圆柱形塑性破坏区，贴近桶壁内外两侧区域的地基土破坏程度最高，并在侧壁

扭转下随其一起轻微转动，但沿桶体中轴线周围地基土的塑性破坏不明显。此外，因桶体底端的扭转剪切，桶基底部海床土出现螺旋状塑性移动现象。

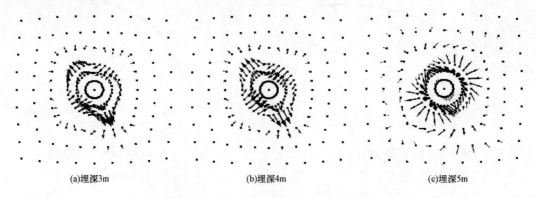

(a)埋深3m   (b)埋深4m   (c)埋深5m

图 5.21　桶形基础扭剪作用下的位移矢量

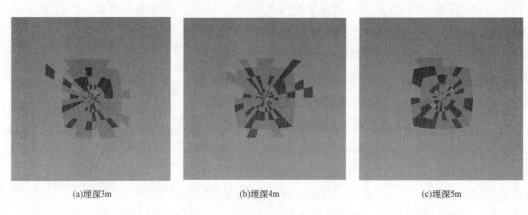

(a)埋深3m   (b)埋深4m   (c)埋深5m

图 5.22　桶形基础扭剪作用下的塑性应变

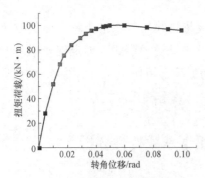

图 5.23　桶形基础扭剪承载力与
转角位移的关系

如图 5.23 所示，FLAC 3D 数值模拟计算时，施加较小强度的扭剪力，桶基即发生较大的转动位移，可见桶形基础的抗扭剪能力较低，若承担较大的扭剪作用，仅依靠桶形基础自身远远不够，需增加附属结构。分析原因为桶形基础抵抗外力扭剪荷载时，全部依靠桶体内外壁与砂土间的摩擦阻力作用，抵抗扭剪的能力差。因桶形基础抗扭转能力低，本书后续章节不再对其深入研究。

第6章 复合循环荷载作用下桶形基础承载性能研究

深海工程结构系统在投入实际环境中使用时,下部桶基首先要承担上部风机结构和桶体本身的重力;其次,还要经常受到海风、海浪等环境荷载的冲刷影响,通常以循环水平力或循环弯矩的形式加载于桶基上。但这些形式的环境动载施加方式并不单一,大多会以联合加载的方式长期作用在桶基上,这种加载模式被称为复合加载。本章将基于上一章得到的单向承载力结果,进一步探究竖向、水平、弯矩三种荷载分量以多种方式组合时,桶形基础在联合加荷情况下的承载性能。

桶形基础受到多向循环力联合作用后,当其即将出现整体失稳破坏现象,或者达到桶基的承载值上限时,引起桶基破坏的三种循环力[水平力(H)、竖向力(V)、弯矩(M)]组合汇总在三维坐标系后共同构成一个向外凸起的曲面,称之为筒基的三维破坏包络面。当桶体与海床地基整体结构建立后,三维破坏包络面可以全面地表示出桶基承载值达上限时不同的荷载组合情况。本章的研究方法就是基于破坏包络面理论,经过多种循环力的施加与验算,使桶基达到临界破坏的状态,记录对应循环力的组合值,据此绘制破坏包络面。研究饱和砂土地基中桶形基础复合加载条件下的破坏机理及承载性能。

因此,本章利用有限差分软件 FLAC 3D,采用 Swipe 试验加载方法,首先通过数值计算研究长径比 $L/D=1$ 时桶形基础的失稳破坏机理;其次改变桶长与直径的比例,绘制 $L/D=0.5$、1.0、2.0 三种结构的桶基破坏包络面,探究多种循环力组合加载时桶形基础的承载特性。

🌱 6.1 *V-H* 复合循环加载下桶基承载特性

6.1.1 *V-H* 海床地基的破坏机理

对桶形基础施加竖向、水平两种循环力,并假定其不承担弯矩作用,建立长径比 L/D =0.5、1.0、2.0 三种计算模型。以 Swipe 位移控制法为原理,循环荷载施加方式如下所示:首先沿竖直 Z 负方向分别从零开始施加 0.25、0.5、0.75、$1.0V_{ult}$ 四种荷载强度下所对应的竖向位移;待地基变形稳定后,保证该方向的沉降量不变动,再按照位移控制法沿着桶基模型顶面向 X 正向加水平循环力,待地基出现 X 正向位移持续增长而水平循环力无明显变化时,说明此时桶基已经达到承载能力的上限。按上述步骤施加荷载形成的加载轨迹即为该类型基础受竖向-水平循环力联合作用时的破坏包络面。

图 6.1~图 6.4 表示竖向-水平循环力联合作用时,桶基达到极限承载状态后海床地基的破坏机理及其塑性应变分布状况。循环力加载计算时分为四种工况,分别是 $0.25V_{ult}$、$0.50V_{ult}$、$0.75V_{ult}$、$1.0V_{ult}$。由图可知,海床地基的破坏区域会随竖向循环力施加强度的增加,

出现规律的方向性变化。当竖向循环力强度值较高时，桶基底端区域出现了大范围的塑性破坏，呈扇形连贯分布。水平荷载的存在对桶基的破坏作用不明显，桶体有轻微的倾倒趋势。当竖向荷载较小时，桶体有明显旋转倾覆现象，桶基底部土体受剪切破坏后呈勺形状向主动区移动。

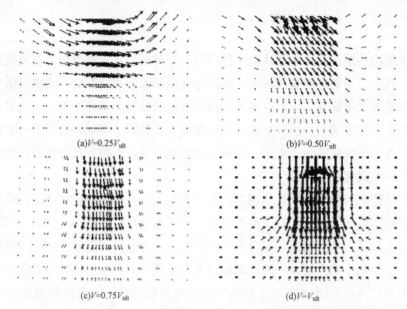

(a)$V=0.25V_{ult}$ (b)$V=0.50V_{ult}$

(c)$V=0.75V_{ult}$ (d)$V=V_{ult}$

图 6.1　V-H 复合加载下桶形基础位移矢量图

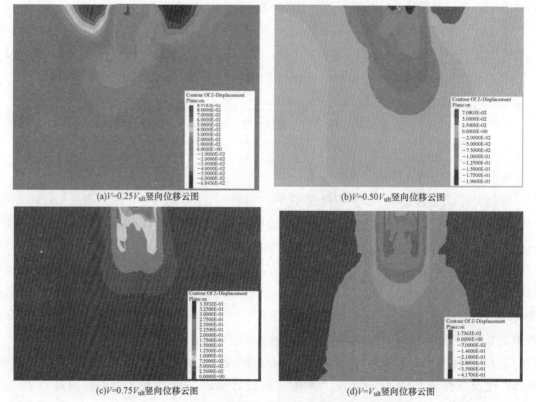

(a)$V=0.25V_{ult}$竖向位移云图 (b)$V=0.50V_{ult}$竖向位移云图

(c)$V=0.75V_{ult}$竖向位移云图 (d)$V=V_{ult}$竖向位移云图

图 6.2　V-H 复合加载下桶形基础竖向位移云图

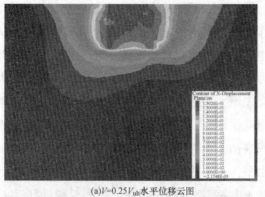

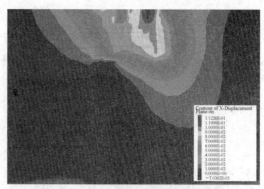

(a)$V=0.25V_{ult}$水平位移云图　　　　　　　(b)$V=0.50V_{ult}$水平位移云图

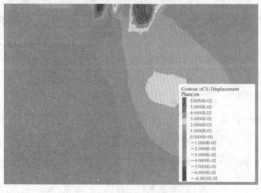

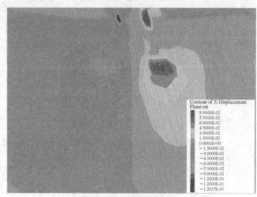

(c)$V=0.75V_{ult}$水平位移云图　　　　　　　(d)$V=V_{ult}$水平位移云图

图 6.3　V-H 复合加载下桶形基础水平位移云图

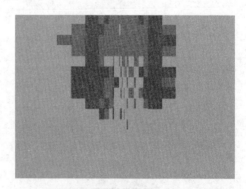

(a)$V=0.25V_{ult}$　　　　　　　　　(b)$V=0.50V_{ult}$

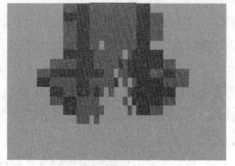

(c)$V=0.75V_{ult}$　　　　　　　　　(d)$V=V_{ult}$

图 6.4　V-H 复合加载下桶形基础等效塑性应变图

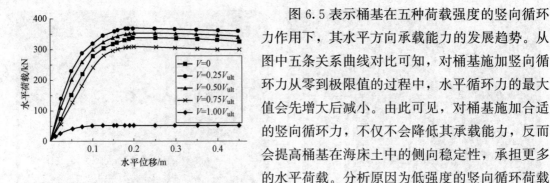

图 6.5　不同竖向荷载作用下桶基水平位移与
荷载的关系

图 6.5 表示桶基在五种荷载强度的竖向循环力作用下，其水平方向承载能力的发展趋势。从图中五条关系曲线对比可知，对桶基施加竖向循环力从零到极限值的过程中，水平循环力的最大值会先增大后减小。由此可见，对桶基施加合适的竖向循环力，不仅不会降低其承载能力，反而会提高桶基在海床土中的侧向稳定性，承担更多的水平荷载。分析原因为低强度的竖向循环荷载对砂土有振动、挤压效果，砂土不断的压实挤密，振实后的砂土力学性能提高，抵抗水平倾覆荷载、维持桶基横向稳定性的效果加强。

6.1.2　V-H 荷载空间破坏包络曲线

图 6.6 为 V-H 竖向、水平循环力联合加载时，三种长径比（$L/D = 0.5$、1.0、2.0）下桶基的二维破坏包络曲线。图 6.6（a）为无量纲荷载空间下桶基的承载能力达到极限水平时，可承受的竖向、水平循环力组合情况。该图表示破坏包络曲线的绝对大小，其中 $N_{cV} = V/AS_u$、$N_{cH} = H/AS_u$。图 6.6（b）为桶基达到承载上限时，将竖向、水平循环力进行归一化处理后，两种单向循环力的组合情况。该图表示的是桶基破坏包络曲线的相对大小，其中 $v = V/V_{ult}$、$h = H/H_{ult}$。

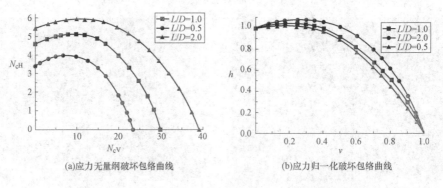

(a)应力无量纲破坏包络曲线　　　　　　(b)应力归一化破坏包络曲线

图 6.6　V-H 复合加载下不同长径比的桶形基础破坏包络曲线

首先，选取长径比等于 1 的标准尺寸，研究 V-H 竖向、水平循环力联合加载时，桶基二维破坏包络曲线的变化规律。当竖向循环力施加值不超过单一竖向极限承载值 V_{ult} 的 50% 时，水平极限承载力略有增加，如图 6.6 所示，该曲线呈上升趋势变化；当竖向循环力施加值超过单一竖向承载上限的 50% 时，桶基在水平方向的承载能力随竖向循环力的加大而迅速降低。进而，改变桶长与直径的比例，分析宽浅、标准、竖长三种尺寸特点的桶基破坏包络曲线发展规律，并比较三条曲线间的差异。由图 6.6 可知，三种长径比的桶形基础，其 V-H 循环加载后的破坏包络曲线变化规律是一致的，水平方向承载上限值均为先小幅上升后再下降。但竖长型桶基比宽浅型桶基的破坏包络曲线外扩范围更广，说明桶基长径比越大，受到竖向、水平循环力联合作用时，桶基能够承担的荷载组合值越大。

6.2　$V\text{-}M$ 复合循环加载下桶基承载特性

6.2.1　$V\text{-}M$ 海床地基的破坏机理

对此类基础施加竖向、弯矩（$V\text{-}M$）两种循环力，并假设桶基不会受水平荷载的影响。建立长径比 L/D=0.5、1.0、2.0 三种计算模型。以 Swipe 位移控制法为原理，循环荷载施加方式如下所示：首先沿竖直 Z 负方向分别从零开始施加 0.25、0.5、0.75、$1.0V_{ult}$ 四种荷载强度下所对应的竖向位移量。其次保证竖直方向的位移不变，以桶基顶面中心位置为弯矩荷载的旋转中心，按右手螺旋法则沿 Y 负方向顺时针施加转角位移。当桶基出现转角位移不断增大，而基础抗弯承载力不再变化的情况时，说明桶基已经达到承载能力的上限值。按上述步骤施加荷载形成的加载轨迹即为桶形基础在竖向 - 弯矩循环力共同作用时的破坏包络面。

图 6.7～图 6.10 给出了 $V\text{-}M$ 复合循环加载模式下强度等级不同的竖向荷载作用于桶形基础时，海床地基土的破坏机理及其塑性应变分布情况。由图可知，随着施加于桶基顶面竖向循环力的强度逐级增加，地基土破坏区域的分布位置沿一定方向呈规律性转移。当竖向循环力施加值小于 $0.5V_{ult}$ 时，海床地基的破坏机理同单一循环弯矩作用时相差不大。桶基底部桶土相互接触部分土体受桶底剪切挤压作用发生大范围塑性破坏，呈圆弧状横向连贯分布。将桶基左右两侧土体按受力形式的不同划分为主、被动区域。主动区域的海床地基会与桶基侧壁间形成裂隙，而被动区域的海床地基临近地表的部分会在桶壁的挤压下向上隆起。但与单一循环弯矩作用效果不同的是，下端土体塑性破坏后因竖向荷载的存在有较大的下移趋势，桶基的倾覆程度也相对减弱。当竖向循环力施加值大于 $0.5V_{ult}$ 时，海床地基的破坏机理同单一竖向循环力作用时较为接近。海床地基在桶基底部较大范围内会有塑性破坏发生，破坏区域如同扇状连贯分布。循环弯矩的存在对桶基的破坏作用不明显，桶体有轻微的倾倒趋势。

图 6.11 为不同强度的竖向荷载作用下桶形基础转角位移与抗弯承载力的关系曲线。从图中可以看出，当竖向循环力的强度逐级增大时，桶形基础抵抗弯矩倾覆的上限值表现为先增大后减小的规律，这同 $V\text{-}H$ 复合加载模式下的变化规律是相同的。再次证明施加适当强度的竖向荷载，可以增强桶形基础在饱和砂土中抵抗弯矩倾覆作用的能力，提高抗弯极限承载力。这是因为低强度竖向荷载的循环作用使砂土不断压实挤密，密实后砂土力学性能提高，抵抗力矩倾覆荷载的能力也加强。如图 6.11 所示，竖向循环力施加值小于 $0.5V_{ult}$ 时，桶基抗弯倾翻的能力虽然有所提高，但涨幅不大，说明施加竖向循环荷载对提高桶基抵抗弯矩倾覆、维持桶体稳定性的程度是有局限性的。当竖向循环力施加值大于 $0.5V_{ult}$ 时，桶基抵抗弯矩倾覆的极限值大大降低。

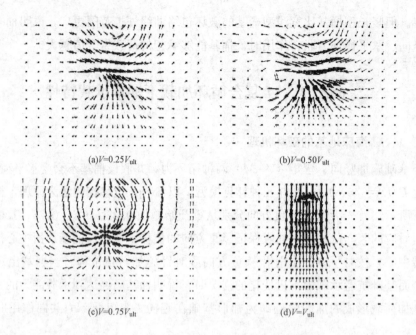

(a)V=0.25V_{ult} (b)V=0.50V_{ult}

(c)V=0.75V_{ult} (d)V=V_{ult}

图 6.7 V-M 复合加载下桶形基础位移矢量图

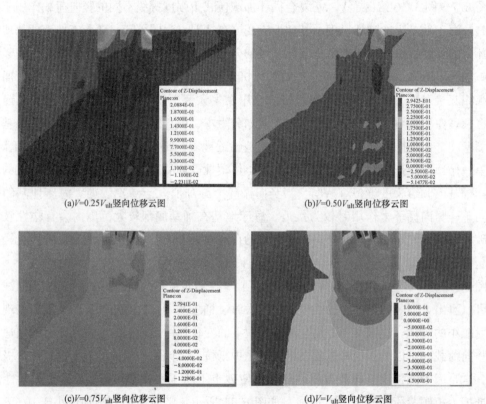

(a)V=0.25V_{ult}竖向位移云图   (b)V=0.50V_{ult}竖向位移云图

(c)V=0.75V_{ult}竖向位移云图   (d)V=V_{ult}竖向位移云图

图 6.8 V-M 复合加载下桶形基础竖向位移云图

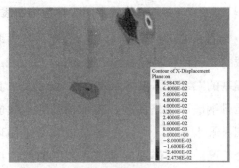

(a)$V=0.25V_{ult}$水平位移云图

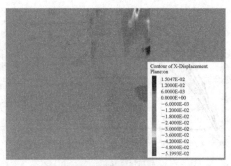

(b)$V=0.50V_{ult}$水平位移云图

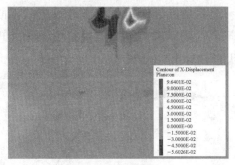

(c)$V=0.75V_{ult}$水平位移云图

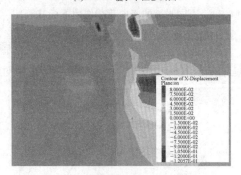

(d)$V=V_{ult}$水平位移云图

图 6.9　$V\text{-}M$ 复合加载下桶形基础水平位移云图

(a)$V=0.25V_{ult}$

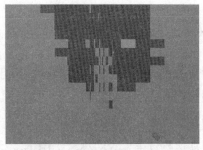

(b)$V=0.50V_{ult}$

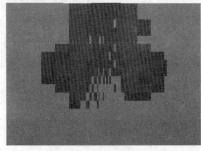

(c)$V=0.75V_{ult}$

(d)$V=V_{ult}$

图 6.10　$V\text{-}M$ 复合加载下桶形基础等效塑性应变图

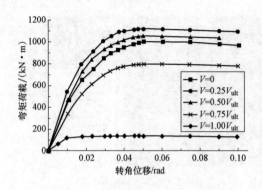

图 6.11　不同强度的竖向荷载作用下桶基
转角位移与抗弯承载力的关系

6.2.2　*V*-*M* 荷载空间破坏包络曲线

图 6.12 为 *V*-*M* 竖向、弯矩循环力联合加载时，三种长径比（*L*/*D*=0.5、1.0、2.0）下桶基的二维破坏包络曲线。图 6.12（a）为应力无量纲破坏包络曲线，表示桶基的承载能力达到极限水平时，可承受的竖向、弯矩循环力组合情况。该图体现的是破坏包络曲线的绝对大小，其中 $N_{cV}=V/AS_u$、$N_{cM}=M/AS_u$；图 6.12（b）是将桶基处于极限状态时对应的不同竖向循环力、循环弯矩组合值进行归一化处理，体现的是桶基长径比改变时各破坏包络线的相对大小，其中 $v=V/V_{ult}$、$m=M/M_{ult}$。

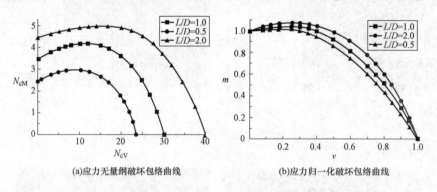

(a)应力无量纲破坏包络曲线　　　　　　(b)应力归一化破坏包络曲线

图 6.12　*V*-*M* 复合加载下不同长径比的桶形基础破坏包络曲线

同样地，先选取长径比为 1 时的标准尺寸，研究 *V*-*M* 竖向、弯矩循环力联合加载时，桶基二维破坏包络曲线的变化规律。当竖向循环力施加值不超过单一竖向极限承载值的 50% 时，桶基抵抗弯矩倾覆的能力有所提高，如图 6.12 所示，该曲线呈轻微上升趋势变化；当竖向力施加值超过单一竖向承载上限的 50% 时，桶基抗弯矩倾覆的能力随竖向循环力的加大而迅速降低。进而，改变桶基长径比，分析宽浅、标准、竖长三种结构特点的桶基破坏包络曲线发展规律，并比较其差异。由图 6.12 可知，三种长径比的桶基受到 *V*-*M* 循环作用后，各自破坏包络曲线变化规律是一致的，承载循环弯矩的上限值均为先小幅上升后再下降。从图 6.12（b）也可清楚看出，竖长型桶基比宽浅型桶基的破坏包络曲线外扩范围更广，说明长径比越大，受到竖向、弯矩循环力联合作用时，桶基能够承担的 *V*-*M* 荷载组合值越大。

🌱 6.3　*H*-*M* 复合循环加载下桶基承载特性

对桶形基础施加水平、弯矩两种循环力，并假设没有竖向力的作用，同样建立长径比

$L/D=0.5$、1.0、2.0 三种计算模型。以 Swipe 位移控制法为原理，循环荷载施加方式分以下两种：①H、M 同向。首先沿水平 X 正方向从零开始施加 0.25、0.50、0.75、$1.0H_{ult}$ 对应的水平位移，然后以桶基顶面中心为力矩荷载的旋转中心，按右手螺旋法则沿 Y 负方向顺时针施加转角位移，当桶基出现转角位移不断增大，而基础抗弯承载力不再变化的情况时，说明桶基已经达到承载能力的上限值。②H、M 反向。沿水平 X 负方向从零开始施加 0.25、0.50、0.75、$1.0H_{ult}$ 三种荷载强度对应的水平位移量，再按上述方法顺时针施加转角位移，直至基础抗弯承载力不再变化。研究 H、M 作用方向的不同对桶基维稳能力的影响。按上述两种方式形成的加载轨迹即为桶形基础在水平-弯矩循环力联合施加时的破坏包络面。

6.3.1　H-M 海床地基的破坏机理

图 6.13～图 6.16 表示桶形基础受到水平、弯矩两种方向的循环力联合作用时，当其达到承载极限时，海床地基土的破坏机理以及塑性区分布情况。当 H、M 同向加载时，桶基倾覆失稳现象较单一水平循环力施加时加重，竖向沉降值也因弯矩的存在而加大。桶基底端桶土接触部分土体受挤压、剪切后大范围发生塑性破坏，破坏后的土体呈扇状连贯分布。桶基外侧主动区域海床地基会与桶体侧壁产生裂隙，而桶外被动区域靠近桶顶处的地基土会因桶体的挤压向上隆起。桶体内部的地基土没有出现明显的塑性破坏，向右下方整体平移。当 H、M 作用方向相反时，桶基竖向位移量降低，桶基底部塑性破坏区土体以水平方向为主呈勺形连贯分布。桶基左右两侧土体受水平荷载、弯矩荷载的相互作用，均有不同程度的塑性变形，大致呈弧形同向流动。

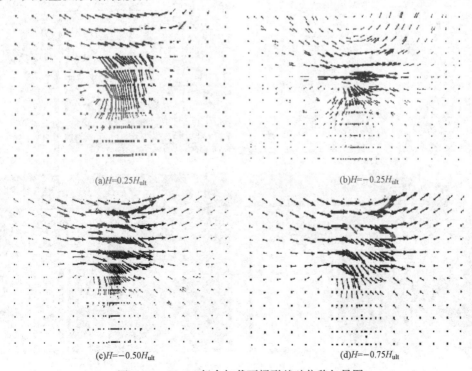

(a)$H=0.25H_{ult}$　　(b)$H=-0.25H_{ult}$　　(c)$H=-0.50H_{ult}$　　(d)$H=-0.75H_{ult}$

图 6.13　H-M 复合加载下桶形基础位移矢量图

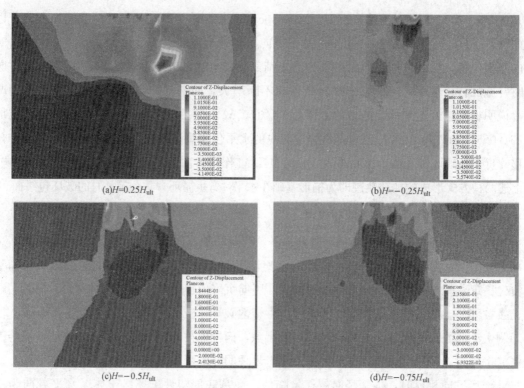

图 6.14 H-M 复合加载下桶形基础竖向位移云图

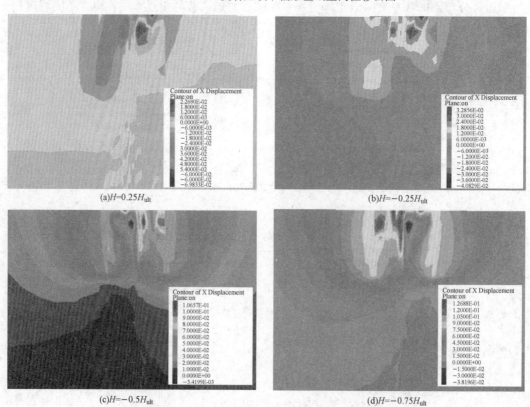

图 6.15 H-M 复合加载下桶形基础水平位移云图

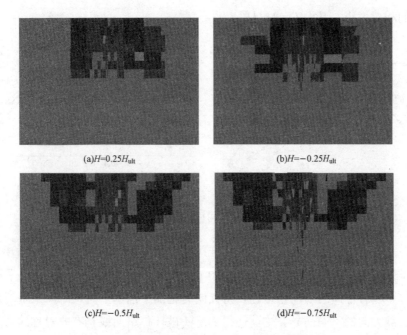

(a)$H=0.25H_{ult}$　　　　(b)$H=-0.25H_{ult}$

(c)$H=-0.5H_{ult}$　　　　(d)$H=-0.75H_{ult}$

图 6.16　H-M 复合加载下桶形基础等效塑性应变图

图 6.17 为不同强度、不同方向的水平循环力作用下桶形基础转角位移与抗弯承载力的关系曲线。从图中可知，当 H、M 同向作用时，桶基抵抗弯矩倾覆的能力随着同向水平循环力强度的提高快速降低；当 H、M 反向作用时，较低强度的水平循环力能提高桶基的抗弯承载力，这是因为水平荷载对反向弯矩有一定的抵消作用。从抗弯矩倾覆上限值与转角位移的曲线中也能发现，当转角超过 0.05rad 时，不同强度、不同方向水平循环力作用下抗弯承载力均基本达到极限值，随后转角位移继续发展，而弯矩上限值表现为轻微降

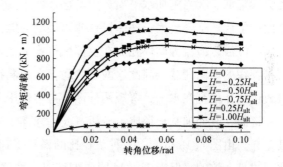

图 6.17　不同强度、不同方向的水平循环力作用下桶基
转角位移与抗弯承载力的关系曲线

低的趋势。可见 5.3 中将转角位移值为 0.05rad 时对应的弯矩强度作为桶基结构设计时抵抗弯矩倾覆的极限值是合理可行的。

6.3.2　H-M 荷载空间破坏包络曲线

图 6.18 为 H-M 水平、弯矩循环力联合加载时，三种长径比（$L/D=0.5$、1.0、2.0）下桶基的二维破坏包络曲线。图 6.18（a）为应力无量纲破坏包络曲线，表示桶基抵抗倾覆荷载、维持自身稳定的能力达到极限状态时，可承担的水平、弯矩循环力组合情况。该图体现的是破坏包络曲线的绝对大小，其中 $N_{cH}=H/AS_u$、$N_{cM}=M/AS_u$；图 6.18（b）是对不同的水平循环力、循环弯矩组合值进行归一化处理的结果，体现的是桶基长径比改变时各破

坏包络曲线的相对大小，其中 $h=H/H_{ult}$、$m=M/M_{ult}$。

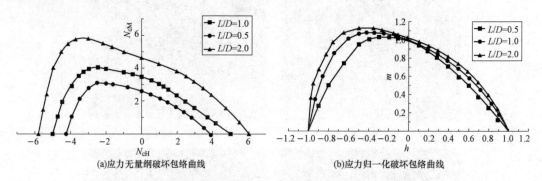

(a)应力无量纲破坏包络曲线　　　　　　　(b)应力归一化破坏包络曲线

图 6.18　H-M 复合加载下不同长径比的桶形基础破坏包络曲线

　　同样地，首先选取长径比等于1时的标准尺寸，研究 H-M 水平、弯矩循环力共同加载时，桶基二维破坏包络曲线的变化特点。由图 6.18 分析可得以下结论：①水平循环力、循环弯矩两者都影响着桶体的横向稳定性，将其同时施加于桶基上时，海床地基的形变破坏情况会随两者加载方向的不同而异，这就使得 H-M 破坏包络曲线具有非对称的特点。②当施加水平循环力与循环弯矩方向相反时，低强度水平循环力作用下，桶基的包络曲线有轻微上升趋势，说明桶基抵抗弯矩倾覆、维持桶体稳定的能力有所提高；但当水平循环力施加值超过单一水平循环加载极限值的 50% 时，桶基破坏包络曲线会迅速下降，抵抗弯矩荷载的能力大大降低。③当施加水平循环力与循环弯矩按方向相同时，随着同向水平循环力的增加包络曲线呈快速下降趋势，桶体抵抗弯矩倾覆的能力急剧降低。这是因为水平、弯矩荷载均由海风、波浪、海流等循环施加在上部风机构造上，依靠平台上部构造逐渐作用到桶形基础上自身存在的横向荷载，因此这两者之间存在不同程度的制约与影响。并且根据本书第 4 章的分析可知，桶基在水平、弯矩两种循环力的作用下其破坏机理具有高度相似性。

　　进而，改变桶基长径比，分析宽浅、标准、竖长三种结构的包络曲线发展规律，并比较其差异。由图 6.18 可知，三种长径比的桶基受到 H-M 循环作用后，各自破坏包络曲线变化规律是一致的，但当 H、M 同向加载时，宽浅型桶基的包络曲线下降速度最快，桶体在海床地基中的侧向稳定性最不理想。从图 6.18（b）也可清楚看出，竖长型桶基比宽浅型桶基的破坏包络曲线外扩范围更广，说明长径比越大，受到水平、弯矩循环力共同作用时，桶基能够承担的 H-M 荷载组合值越大。

🌱 6.4　V-H-M 复合循环加载下桶基承载特性

　　进一步研究竖向、水平、力矩三种循环荷载联合作用时桶形基础的极限承载性能。基于二维破坏包络曲线，探寻三维空间内桶基达到承载力极限值时多种循环荷载的组合情况，并绘制破坏包络曲面。探寻方法如下：首先在桶形基础顶面中心处沿 Y 负方向施加 $0.25M_{ult}$、$0.50M_{ult}$、$0.75M_{ult}$、$0.90M_{ult}$、$1.0M_{ult}$ 荷载强度下所对应的转角位移，作为后续水平循环力、竖向循环力联合加载时的初始状态。保持弯矩荷载不变，在 V-H 加载面上按照 Swipe 法施加水平、竖向循环力，方法同 6.1 所述。桶形基础达到承载能力极限水平时，将三种循环荷载的多种组合值汇总连接后可以构成一个曲面，这就是桶基在海床地基中的立体空间下的破坏包络面。

图 6.19 表示在 V-H 加载面上，基于不同强度的循环弯矩，施加竖向、水平循环力后桶基失稳破坏包络曲线。图 6.20 为桶基在 V-H-M 三种循环力共同作用时的破坏包络曲面。从图中可以看出，随弯矩荷载强度的增加，破坏包络面不断向坐标原点收缩，竖向、水平承载力迅速降低。当 $M=1.0M_{ult}$ 时，桶基破坏包络面缩小为一个点。当施加的弯矩循环荷载强度较小时，V-H 包络曲线仍有外扩趋势，说明即使在三向循环力联合作用时，低强度竖向循环荷载依然可以提升桶基的抗倾覆能力。从 V-H-M 立体破坏包络曲面中可得，随循环弯矩施加值的增大，V-H 加载处的包络曲线不断紧缩，最后缩小到 H-V 加载面的原点处，因而当 V-H-M 共同加载时，桶基在海床地基中的破坏曲面是一个封闭于不同加载面原点处的 1/4 椭球体状。从此三维破坏包络面中还可以看出，桶形基础在施加低强度竖向循环力时，包络面在水平荷载、弯矩荷载两平面上都有明显的外扩趋势，再次证明施加低强度竖向循环荷载可以适当提高桶基的抗倾覆失稳破坏的能力。V-H-M 三维破坏包络曲面的实际意义在于，将实际工程中多种动荷载联合后的组合值与数值模拟所得的包络曲面进行对比，判断桶基在海床地基中的承载状况是否已达到或超出极限水平。在现实工程中的多种动荷载组合值处于桶基破坏包络曲面的外侧时，便能够断定桶体随时能够产生倾覆或已失稳破坏。

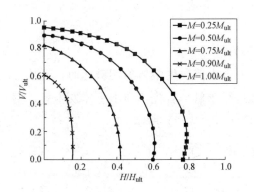

图 6.19　V-H 平面不同强度力矩荷载作用时
桶基破坏包络曲线

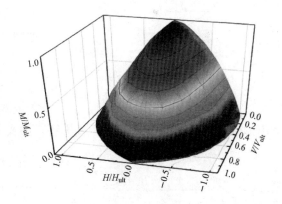

图 6.20　V-H-M 联合作用下桶基
三维破坏包络面

第7章　深海软土地基新型基础承载特性研究

7.1　条形锚板基础承载特性分析

7.1.1　计算原理

1. 基本假定

均质饱和黏性土中的条形锚板基础在快速上拔和水平力作用下，随着荷载的增加，锚板底部土体达到极限平衡状态而发生整体剪切破坏，如图 7.1 所示。地基土体的重度为 γ，黏

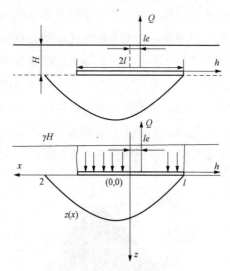

聚力为 c，内摩擦角为 φ；基础宽度为 $B=2l$，埋深为 H；e 为荷载偏心率，即上拔荷载作用点与锚板中心线之间的距离与基础宽度一半的比值；基础上作用的上拔力为 Q，水平力为 h。分析中假设：①底板下方土体的滑裂面函数为 $z(x)$。②仅考虑锚板下方土体滑裂面的形式，假设锚板上方土体破坏面沿基础边缘延伸到地面，其对上拔荷载的抗力由自重和竖直破坏面上的剪切强度组成。③滑裂面上的正应力与剪应力之间满足摩尔-库仑破坏准则。

2. 平衡方程

当锚板下方土体发生整体剪切破坏时，运用变分极限原理进行求解。首先，列出土体发生整体剪

图 7.1　基本定义和计算简化图

切破坏时的竖向、水平、弯矩平衡方程，如式（7.1）～式（7.3）所示。

$$\int_{\overline{x}_1}^{\overline{x}_2} [\hat{\sigma}(\Psi \overline{z}' - 1) + \overline{z}] \, \mathrm{d}\overline{x} = \hat{Q} \tag{7.1}$$

$$\int_{\overline{x}_1}^{\overline{x}_2} [\hat{\sigma}(\overline{z}' + \psi) + \hat{c}] \, \mathrm{d}\overline{x} + \overline{h} = 0 \tag{7.2}$$

$$\int_{\overline{x}_1}^{\overline{x}_2} \{\hat{\sigma}[\psi(\overline{z} - \overline{z}'\overline{x}) + (\overline{z}'\overline{z} + \overline{x})] + \hat{c}(\overline{z} - \overline{z}'\overline{x}) - \overline{z}\overline{x}\} \, \mathrm{d}\overline{z} + \overline{m} = 0 \tag{7.3}$$

式中的符号均进行了无量纲化：$\psi = \tan\varphi$；$\overline{x} = x/l$；$\overline{z} = z/l$；$\overline{c} = c/\gamma l$；$\hat{\sigma} = \sigma/\gamma l$；$\overline{Q} = Q/\gamma l^2$；$\overline{h} = h/\gamma l^2$；$\overline{m} = \hat{Q}e$；$\overline{H} = H/l$；$\hat{c} = \overline{c} + \psi\overline{H}$；$\hat{Q} = \overline{Q} + 2\overline{H}$，式（7.1）～式（7.3）中包含两个未知函数 $\overline{z}(x)$ 与 $\hat{\sigma}(x)$，$\overline{z}(x)$ 为锚板下方土体破坏滑裂面方程，$\hat{\sigma}(x)$ 为土体滑裂面上法向应力分布函数。

3. 泛函构造

将水平方向的平衡方程式（7.2）与力矩平衡方程式（7.3）作为竖向平衡方程式（7.1）的约束条件，利用拉格朗日乘子法将地基极限承载力最小化问题转化为泛函的无约束极值问题：

$$\Pi = V + \lambda_1 H + \lambda_2 M = \int_{\bar{x}_0}^{\bar{x}_1} S d\bar{x} \tag{7.4}$$

式中

$$\begin{aligned} S =& \hat{\sigma}(\Psi \bar{z}' - 1) + \bar{z} + \lambda_1 [\bar{\sigma}(\bar{z}' + \Psi) + \hat{c}] \\ &+ \lambda_2 \{\hat{\sigma}[\psi(\bar{z} - \bar{z}'\bar{x}) + (\bar{z}\bar{z}' + \bar{x})] + \hat{c}(\bar{z} - \bar{z}'\bar{x}) - \bar{z}\bar{x}\} \end{aligned} \tag{7.5}$$

其中 λ_1 和 λ_2 为未知的拉格朗日乘子，利用泛函 $\delta \Pi = 0$ 取值的必要条件，并结合几何边界条件、积分约束条件及滑裂面端点水平向可动特性，得出下列与泛函取驻值等价的边值问题：

（1）欧拉方程

$$\frac{\partial S}{\partial \hat{\sigma}} - \frac{d}{dx}\left(\frac{\partial S}{\partial \hat{\sigma}'}\right) = 0 \tag{7.6a}$$

$$\frac{\partial S}{\partial \bar{z}} - \frac{d}{dx}\left(\frac{\partial S}{\partial \bar{z}'}\right) = 0 \tag{7.6b}$$

（2）积分约束条件

$$\min\Pi = 0, \frac{\partial \Pi}{\partial \lambda_j} = 0 \quad (\text{其中 } j = 1,2) \tag{7.7}$$

这三个积分约束条件与式（7.1）～式（7.3）三个静力学平衡方程完全等价。

（3）可动点的横截条件

由于滑裂面上两个端点的坐标未知，且滑裂面的两个端点在同一水平线上，横截条件简化为

$$(S - \bar{z}' dS/d\bar{z}') \big|_{\bar{x} = \bar{x}_2} = 0 \tag{7.8}$$

（4）几何边界条件

几何边界条件为滑裂面上的两个端点 1 和 2，滑出点 1 已知，滑出点 2 可沿直线 $z = 0$ 移动，故边界条件可表示为

$$\bar{x}_1 = -1, \quad \bar{z}_1 = 0, \quad \bar{z}_2 = 0 \tag{7.9}$$

7.1.2　边值问题求解

1. 滑裂面函数 $\bar{z}(x)$

求解欧拉方程（7.6a）可得破坏面函数，表示为

$$\bar{r}(\beta) = \bar{r}_0 e^{(\beta - \beta_0)\psi} \tag{7.10}$$

对于饱和黏性土中快速上拔的工况，土体的抗剪强度采用不排水剪切强度，即 $\varphi = 0°$，c 表示不排水黏聚力；对于二维条形地基，破坏滑裂面为一圆弧。$\bar{r}$ 为破坏滑裂面上的点与极点（$\bar{x}_r$，$\bar{y}_r$）的距离，且为两点连线与 $\bar{x}$ 轴负半轴夹角 β 的函数，其中初始值 $\bar{r}_0$ 与

β_0 可由几何边界条件计算得到。

2. 滑裂面上正应力 $\bar\sigma(x)$

求解欧拉方程（7.6b），可得破坏滑裂面上的正应力分布方程如下式，式中 B 为积分常数。

$$\hat\sigma = \bar r_0 \sin\beta + B - 2\hat c\beta \quad (\psi=0) \tag{7.11}$$

至此，将式（7.10）、式（7.11）代入式（7.7），并联立几何边界条件、横截条件，求解方程组可得基础上拔极限承载力 $\hat Q$。

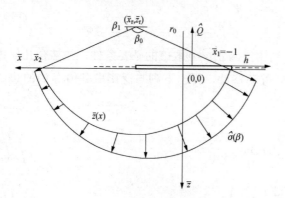

图 7.2　滑裂面形状与滑裂面上的正应力分图

7.1.3　结果分析

利用变分极限平衡法，求解均质饱和黏性土中锚板基础极限承载力，通过变参数计算，研究分析了土体不排水强度、荷载偏心率以及水平力对极限上拔承载力和滑裂面的影响。图 7.2 为滑裂面形状以及滑裂面上正应力分布情况。

1. 不排水剪切强度的影响

当水平力 $\bar h=0$、荷载偏心率 $e=0$ 时，计算不排水剪切强度（$\hat c$）对极限承载力、滑裂面上最大正应力以及滑裂面的影响见表 7.1。

表 7.1　　　　　　　　　不同不排水剪切强度时的计算结果

$\hat c$	$\hat c_{\max}$	$\bar x_2$	$\bar z_{\max}$	$\hat Q$
1	5.0885	2.9993	1.3179	11.0384
2	10.1776	2.9992	1.3180	22.0735
3	15.2669	2.9991	1.3180	33.1086
4	20.3557	2.9991	1.3180	44.1436

由表 7.1 可见，在中心上拔荷载作用下，不排水强度的变化对滑裂面基本无影响，极限抗拔力随着不排水强度增大而呈线性增大，斜率 $\hat Q/\hat c$ 约为 11。

2. 荷载偏心率影响

不同荷载偏心率（e）的上拔破坏的滑裂面及计算结果如图 7.3 及表 7.2 所示。由表 7.2 可见，随着 e 逐渐增大，极限承载力显著减小，当 $e=1$ 时，即上拔荷载作用点位于基础边缘时，锚板下方的土体对抗拔极限承载力的贡献几乎减小为零；e 的变化对滑裂面上最大正应力的影响不大，对滑裂面大小

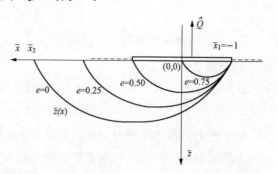

图 7.3　不同荷载偏心率下的上拔破坏滑裂面

76

的影响很大。由图 7.3 可见，当 e 逐渐增大时，破坏滑裂面也迅速缩小；当 $e=0.5$ 时，锚板与下部土体开始出现分离；当 $e=1$ 时，锚板底部土体滑裂面的宽度和深度接近为零，即锚板底部上拔破坏时，锚板与土体完全分离。

表 7.2　　　　　　　　　　　**不同偏心率时的计算结果**

e	$\hat{\sigma}_{max}$	$\overline{x}_2$	$\overline{z}_{max}$	$\hat{Q}$
1.0	10.1818	−0.9956	0.0015	0.0244
0.75	10.1780	−0.0002	0.3295	5.5177
0.5	10.1778	0.9996	0.6590	11.0359
0.25	10.1777	1.9994	0.9885	16.5545
0.0	10.1776	2.9992	1.3180	22.0735

3. 水平力影响

为研究水平荷载对极限抗拔承载力的影响，在不考虑弯矩作用即 $e=0$ 时，计算 $\hat{c}=2$，$\hat{h}$ 从 $0\sim5$ 变化时的抗拔极限承载力。计算结果表明，随着水平力逐渐增大时，滑裂面上的最大正应力和极限抗拔力逐渐减小，如表 7.3 所示。随着水平力增大，锚板底部土体滑裂面形状逐渐收缩，如图 7.4 所示。相比于荷载偏心对滑裂面大小的影响，水平荷载对滑裂面的影响较小。

表 7.3　　　　　　　　　　　**水平荷载对极限抗拔力的影响**

$\overline{h}$	$\hat{Q}$	$\hat{\sigma}_{max}$	$\overline{x}_2$	$\overline{z}_{max}$
0	22.0735	10.1776	2.9992	1.3180
1	21.1216	9.7870	2.9041	1.1903
2	19.9363	9.3413	2.7632	1.0424
3	18.3917	8.8008	2.5442	0.8600
4	16.0734	8.0354	2.1149	0.5858
5	12.5193	7.2139	1.7187	0.3586

4. 不同工况下的上拔承载力系数

（1）中心上拔荷载下的承载力系数。

饱和黏性土极限上拔承载力一般可表达成式（7.12）的形式。

$$P_{ult} = B(cN + \gamma H) \quad (7.12)$$

式中，N 为承载力系数，其他符号同上。

本节计算极限上拔荷载的公式为式（7.13），通过与式（7.12）进

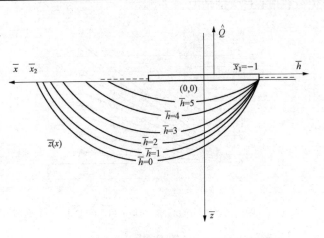

图 7.4　不同水平荷载作用时对上拔破坏滑裂面

行比较，定义了上拔承载力系数，如式（7.14）。

$$P_{ult} = \hat{Q}\gamma l^2 + 2cH + \gamma HB \tag{7.13}$$

$$N = \hat{Q}/2\hat{c} + 2H/B \tag{7.14}$$

均质饱和黏性土中锚板抗拔承载力系数为 $\hat{Q}/\hat{c}$ 和 H/B 的函数。根据 7.1.1 小节，当水平力和荷载偏心率为 0 时，$\hat{Q}/\hat{c}$ 为常值，因此，由式（7.14）可见，在同一地基土中，承载力系数（N）与基础深宽比（H/B）为线性关系。将本小节计算结果与罗和戴维斯的数值分析结果进行对比，如图 7.5 所示，其中罗等的分析基于基础与土体不发生分离的假设。从图中可知，本小节计算结果略低于罗的结果，造成这种差异的主要是原因锚板基础下部滑裂面及滑裂面上土抗力提供的承载力是由变分理论计算得到的，而锚板上部土体对抗拔承载力的贡献是基于本小节的基本假定②，其仅是 H/B 的函数。

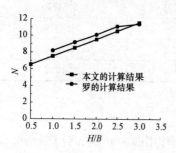

图 7.5　计算结果与罗的对比

忽略锚板基础上部土体滑裂面土体强度提供的抗力，即对 H/B 从 0.5～3 变化时，本小节中 N 值较罗的 N 值最大相差 8.5%。当 $H/B=3$ 时，罗等得到的极限承载力系数为 11.42，本小节得到的计算结果与之非常接近，仅差 0.9%，表明该方法在预测快速上拔荷载作用下极限承载力的可行性与准确性。

（2）偏心荷载作用下的上拔承载力系数。

为了研究偏心率（e）对上拔承载力系数（N）的影响，在水平荷载为 0 时，通过 e 的变化计算不同排水强度（$\hat{c}$）时的抗拔承载力（$\hat{Q}$），如图 7.6 所示。由图可见，对于某一 e 值，$\hat{Q}$ 与 $\hat{c}$ 仍保持线性关系，即只要 e 一定，$\hat{Q}/\hat{c}$ 为一常值。因此，根据式（7.14）可知，N 是 H/B 和 e 的函数。图 7.7 给出了偏心上拔荷载作用下 e 与 N 的关系。从图可知，随着 e 增加 N 线性减小，经拟合得到抗拔荷载与荷载偏心率的关系式，如式（7.15）所示，直线的斜率为 −5.5214。荷载偏心率 e 对极限承载力系数 N 影响比较大，在实际工程中应该避免荷载偏心过大的情况。

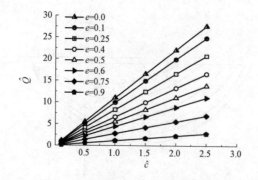

图 7.6　不同偏心率 e 时 $\hat{Q}$ 与 $\hat{c}$ 的关系

（$H/B=0$）

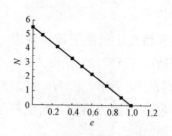

图 7.7　偏心率对承载力系数的影响

（$H/B=0$）

$$N = 5.5214(1-e) + 2H/B \tag{7.15}$$

（3）水平荷载作用下的上拔承载力系数。

当 $e=0$ 时，计算不同土中锚板基础在不同水平荷载作用下的竖向极限上拔承载力。图 7.8 为不同不排水强度（$\hat{c}$）下上拔承载力系数（N）与无量纲水平荷载（$\bar{h}$）的关系。随着水平荷载的增加，上拔承载力减小，且土体不排水强度越小时，水平荷载对上拔承载力的影响越大。

图 7.9 为不同 $\bar{h}$ 作用下，上拔承载力系数与不排水强度的关系曲线。当竖直上拔时，上拔承载力系数（N）基本不受黏聚力的影响；当有水平荷载时，即荷载倾斜时，N 随着 $\hat{c}$ 增大而急剧上升而后又趋于平缓，并向中心上拔时的承载力系数接近。

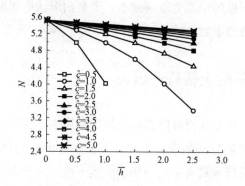

图 7.8　不同水平荷载与极限上拔承载力系数关系

（$H/B=0$）

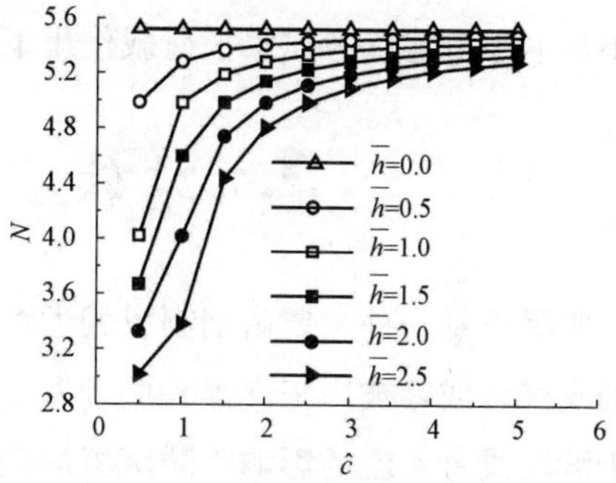

图 7.9　水平力及不排水强度对承载力

系数的影响

由此可见，在水平力作用下，上拔承载力系数既是荷载倾角的函数又是土体不排水剪切强度的函数。根据图 7.8 及 7.9 所示的 $N-\bar{h}$ 及 $N-\hat{c}$ 规律，自定义 $N(\bar{h}, \hat{c})$ 的函数为 S 型函数，利用最小二乘法非线性拟合确定相应的参数，得到水平荷载作用下不同土中锚板基础上拔承载力系数公式，如式（7.16）所示。由拟合函数表示的三维图形与数值计算数据点的关系如图 7.10 所示。两者的相对误差在 $0.4\% \sim 5\%$ 之间，表明式（7.16）适合于表示 N 与 $\bar{h}$ 和 $\hat{c}$ 的关系。

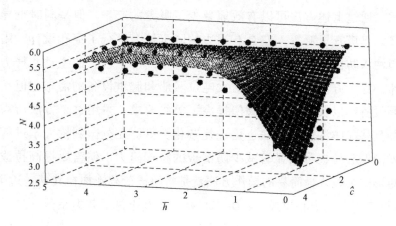

图 7.10　拟合曲面与计算点的关系

$$N = \frac{-1.0387\,\overline{h}^{1.0762}}{1 + e^{\overline{h}(c-1.2883)/0.781}} + 5.4055 + 2H/B \tag{7.16}$$

综上所述，对于均质饱和黏土中浅埋锚板基础，在中心上拔荷载作用下，随着不排水强度增大，破坏滑裂面基本不发生变化，极限上拔承载力为不排水强度的一次函数，其斜率约为 11，即承载力系数与不排水强度无关。当偏心上拔时，承载力系数只是荷载偏心率的一次函数，与黏聚力无关，可由本小节拟合公式近似计算。荷载偏心率对滑裂面大小及极限承载力影响较大，当荷载偏心率（e）大于 0.5 时，上拔极限状态下锚板与土体开始出现分离，在实际工程中应该避免偏心荷载及过大弯矩作用。当水平荷载作用时，上拔承载力系数随着不排水强度和水平荷载变化；当水平荷载增大时，极限承载力逐渐减小，滑裂面形状也逐渐缩小。本小节建议考虑水平荷载作用下的上拔承载力系数公式。

🌱 7.2 软土地基防沉板的上拔特性研究

防沉板是一种主要由钢制成的近海筏板基础，通常在自升降结构打桩期间用来提供暂时性的支撑，或者被用来支撑一些近海结构，例如海底管线的交接点等，具有很好的应用性。由于波浪或者水流的影响，防沉板的四周通常被设计成具有一定的裙边。当一些近海基础面临拆除或者退役的时候，由于防沉板可以二次利用或者出于某些环境保护法等原因，防沉板必须要从海底进行回收。标准的回收程序是用线缆进行连接，然后用大型起重驳船直接进行竖直拉拔。在很多案例中，这个拉拔过程都耗费了相当长的时间，从而产生了大量的额外经济费用。

移除一个防沉板所需要的拉拔力通常很大，主要是因为在防沉板底面和下卧的饱和海洋黏土之间产生了非常大的吸力。但是，很少有相关的试验和理论研究被用来解释这种吸力现象。怀特等人研究了在防沉板上穿孔的效果，发现大量的小孔可以提供理想的排水条件。在另一个研究中，连恩等人在防沉板底面设置了一层透水的土工织物，防沉板可以侧向排水。通过上述方法可以有效地减少了吸力的产生，但是同时也导致了基础承载能力的下降。巴塔查里亚等人在具有裙边的防沉板上进行了穿孔设计，用一个水泵将水通过进水口注入防沉板下方的空腔内，在空腔内部产生较大的主动水压力，从而将防沉板顶出海床。这个方法虽然减小了对大吨位驳船和起重设备的需求，但是却需要一个大功率的水泵设备，以及对管线和阀门提高了等级要求。采用这个方法所需要的费用会更加高昂，并且移除防沉板的方法也更加复杂化。里德在英国剑桥大学进行了一系列的相关试验，发现偏心拉拔可以显著减少防沉板的拉拔阻力，但需要提高拉拔力臂的抗弯强度。对于矩形防沉板，最简易的操作方法就是将拉拔荷载施加在其某一边上，即 $e/B = 0.5$，试验数据表明：与中心拉拔（$e/B=0$）相比，其土体承载力系数（N_c）值可相对减少 66% 以上。

对于海洋饱和黏土中防沉板基底所产生的吸力作用，部分学者已经展开了相关的研究，但是，这些研究并没有考虑到基底排水条件的影响，以及裙边长度的影响。因此，本小节采用土工离心机对防沉板的移除过程进行模型试验研究。针对正常固结饱和黏土中的防沉板，试验中采用了不同的拉拔速度、拉拔偏心率以及防沉板的裙边长度，并且在拉拔过程中，对基底的孔隙水压力变化也进行了监测，相关结果会在后面进行详细的阐述。

7.2.1 上拔力理论值

对于上拔力的基本解法，通常都是基于不排水条件下的土体破坏机制，即假设防沉板基底的吸力一直保持不变。采用经典塑性解法对其上拔拉力进行推导，该最大上拔力是一个关于饱和黏土的不排水剪切强度的函数，其在土体中的破坏机制为颠倒的极限承载力的破坏模式。其上拔承载力公式如下：

$$q_u = N_c s_{u0} + \gamma' h \tag{7.17}$$

式中，N_c 为承载力系数；s_{u0} 为防沉板基底深度或裙边深度处的饱和黏土的不排水剪切强度；h 为防沉板的埋置深度，$\gamma' h$ 是防沉板埋置深度处的土体附加应力。

对于黏土中的条形浅基础的承载力系数（N_c），其普兰特尔解为 $N_{c,stripe} = 5.14$（Prandtl，1921），对于粗糙底面的圆形基础精确解为 $N_{c,cricle} = 6.05$（Cox et al. 1961）。而对于矩形基础，至今仍没有一个精确的解。因此，对于矩形基础的承载力系数，通常采用形状系数进行转换。斯肯普顿（1951）针对普兰特尔的条形基础解提出了形状系数，$N_{c,square}/N_{c,stripe} = 1.2$。古韦内克等人（2005）采用有限元法对方形基础进行了极限分析，并给出了相应的形状系数，$N_{c,square}/N_{c,stripe} = 1.15$。莱文早在 1955 年提出，方形基础的承载力略低于同等面积的圆形基础，仅仅在 2% ~ 3% 之间。斯肯普顿基于圆形基础的参数，针对矩形基础提出了一个更加合理的形状系数公式，如下：

$$s_c \approx 1 + (s_{circle} - 1)B/L \tag{7.18}$$

其中，s_{circle} 见表 7.4。梅里菲尔德等人针对矩形的平面锚基础也建议其承载力系数与基础的 B/L 之间近似于呈线性关系。表 7.4 中针对条形基础和圆形基础，其承载力系数分别为无量纲比 $\kappa = kB/s_{u0}$ 或 kD/s_{u0} 的函数。

表 7.4　　　　　　　浅基础的承载力系数，N_c（伦道夫等 . 2005）

	$\kappa = kB/s_{u0}$ or kD/s_{u0}	0	1	2	3	6	10
条形	戴维斯 and 布克，（1973）	5.14	6.61	7.60	8.41	10.42	12.66
圆形	马丁（2001）	6.05	6.95	7.63	8.21	9.69	11.37
	体型系数，S_{circle}	1.18	1.05	1.00	0.98	0.93	0.90

此次研究中，所有的防沉板都设置在海床表面，如图 7.11 所示。在防沉板上的附加应力（$\gamma' h$）在式（7.18）中忽略，其最大极限拉拔阻力可以近似如下：

$$F_{up} = N_c s_{u0} A + G' \tag{7.19}$$

其中，G' 为防沉板在水中的有效自重。

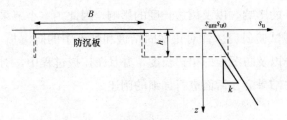

图 7.11 饱和黏土的线性强度简图

对具有裙边的防沉板，将其与内腔所包含的黏土作为一个整体进行分析，因此其拉拔阻力可由式（7.19）进一步推导可得：

$$F_{up} = N_c s_{uo} A + \gamma' s A + G' \quad (7.20)$$

其中，s 为防沉板的裙边长度。

7.2.2 离心机试验

本次防沉板的上拔试验是采用西澳大利亚大学的土工鼓式离心机进行试验。与壁式离心机相比，鼓式离心机最大的特点是可以在一组土样内反复进行多组试验。该离心机的环形试验槽外径为 1.2m，内径为 0.8m，试验槽高度（即土样宽度）为 0.3m。试验操作台位于离心机中部，可独立旋转。控制防沉板的拉拔力臂安装在中部的操作台上，因此试验中不用停止土工离心机的转动就可以连续进行试验操作。

本次完整的试验分组如表 7.5 所示，其中包括 29 个拉拔试验，外加试验中对所采用的两个土样进行的 T‐bar 试验。试验中的防沉板的模型尺寸如图 7.12 和图 7.13 所示。防沉板模型由厚 2.5mm 的矩形铝板制成，长度为 100mm，宽度为 50mm，（原型尺寸为 15m×7.5m）。黏土材料采用商业用高岭土。所有的拉拔试验都是在 150 倍重力加速度条件下进行（150g）。试验过程中的拉拔速度始终保持不变，速率范围由 0.0006mm/s 到 3mm/s 变化。大多数拉拔试验为中心拉拔，部分试验中，拉拔偏心距采用 $e=20$，40mm，同时试验中也考虑了裙边长度的影响 $s=2.5$、5、10mm。

表 7.5　　　　　　　　　　　　　　　　试 验 分 组

长度 L/mm	宽度 B/mm	裙边长度 s/mm	有效重度 G'/N
100	50	0	60
100	50	2.5	62
100	50	5	64
100	50	10	68

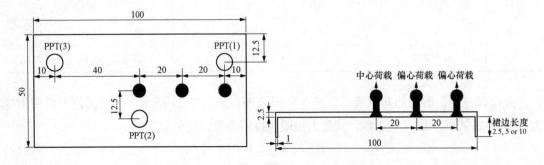

图 7.12 防沉板模型（尺寸：mm）

7.2.3　土样制备

试验中采用商业高岭土，土性参数见表 7.6。将高岭土以 120％的含水率搅拌一天，配比成均质泥浆。在离心机保持转动的状态下，将泥浆通过进料斗注入离心机试验槽内，需要注意的是，在试验槽底部需事先铺设一层厚 15mm 的排水垫层。然后将离心机转速提

图 7.13　离心机试验中的防沉板模型

升至 $150g$，打开试验槽底部的排水阀门，在自重排水过程中，形成双面排水形式。在试验槽的不同深度处，存在三个孔隙水压力传感器，对试验土样的固结情况进行实时监测。本次试验中，整个固结过程在 4 天左右完成。一号黏土试样由均质泥浆固结而成，厚度为 135mm，然后离心机降低转速到 $1g$，将拉拔装置在操作台上进行安装，并用其将防沉板固定到预计位置，如图 7.14 所示。完成上述步骤后，将离心机的加速度重新提升至 150 倍重力加速度，并打开水位阀门，将水位提升至 145mm。当一号土样的所有试验结束后，将土样表面刮除 15mm 厚度，进而得到二号黏土试样。由于之前上覆表层 15mm 厚度的土层自重影响，二号土样的上部存在超固结状态。

表 7.6　　　　　　　　　　　　　　　高 岭 土 特 性

土性参数	数值	土性参数	数值
液限，w_l（％）	61	土粒比重，G_s	2.60
塑限，w_p（％）	27	内摩擦角，φ'（°）	23
塑性指数，I_p（％）	34	固结系数，c_v（m²/a）	2

在进行拉拔试验前后，分别对每个土样进行了 2 组的 T‐bar 试验，获得的土体强度指标如图 7.14 所示。T‐bar 试验采用直径 5mm 的圆柱体，以 1mm/s 的标准速度进行贯入（不排水情况下），从而得到了 T‐bar 的贯入阻力与贯入深度之间的比率，即图 7.11 中的斜率（k）。本次试验中两个黏土试样的 k 值分别为 1.06 和 1.31。

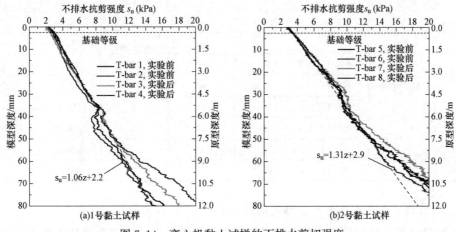

图 7.14　离心机黏土试样的不排水剪切强度

7.2.4　离心机试验结果

表 7.7 中列出了每个离心机上拔试验中的防沉板拉拔阻力的峰值 F_{up} 和达到此峰值阻力所需的时间 t_p。

表 7.7　　　　　　　　　　　　上拔试验的试验分组及相关结果

试验分组		试验编号	裙边长度/mm	上拔偏心距/mm	上拔速率/(mm/s)	极限上拔力 F_{up}/N	上拔时间 t_p/s
速度影响		S1-1	—	0	0.0006	92.5	804
		S1-2	—	0	0.006	99.23	105.2
		S1-3	—	0	0.06	121.56	12.8
		S1-4	—	0	0.2	127.56	3.9
		S1-5	—	0	0.6	134.58	1.75
		S1-6	—	0	1.5	153.83	0.76
	偏心距影响	S1-7	—	0	3	162.34	0.48
		S1-8	—	20	3	108.24	0.46
偏心矩和速度影响		S1-9	—	40	3	57.59	0.36
		S1-10	—	40	0.0006	52.52	5796
		S1-11	—	40	0.006	36.39	57.4
		S1-12	—	40	0.06	44.08	8.7
		S1-13	—	40	0.6	54.4	1.66
		S1-14	—	40	1.5	59.84	0.8
裙边长度影响	不排水条件	S2-1	2.5	0	3	237.11	0.62
		S2-2	5	0	3	272.75	0.62
		S2-3	10	0	3	339.53	0.91
	排水条件	S2-4	2.5	0	0.0006	130.56	1335
		S2-5	5	0	0.0006	131.69	885
		S2-6	10	0	0.0006	166.20	1934
	偏心荷载	S2-7	2.5	40	0.0006	55.34	1094
		S2-8	2.5	40	0.06	76.54	17.3
		S2-9	2.5	40	3	95.67	0.58
		S2-10	5	40	0.0006	76.16	3760
		S2-11	5	40	0.06	85.73	30.2
		S2-12	5	40	3	114.24	0.5
		S2-13	10	40	0.0006	104.49	6163
		S2-14	10	40	0.06	126.62	32.7
		S2-15	10	40	3	132.81	0.78

1. 上拔荷载、孔隙水压力与位移之间的关系

在本次防沉板上拔试验中选取两组试验数据，两组荷载 - 位移曲线和孔隙水压力 - 位移

曲线如图 7.15 所示。从图 7.15 中可以看出，在同一拉拔速率下（3mm/s），与无裙边防沉板相比，带有 10mm 裙边的防沉板明显产生了更高的上拔阻力。当位移达到了峰值以后，没有裙边的防沉板的拉拔阻力迅速下降到一个稳定值，该稳定值为防沉板在水下的有效重力（$G' \approx 60$N）。同时可发现，防沉板底部的负孔隙水压力也以相似的趋势下降。在饱和黏土与防沉板底面之间所产生的最大吸力可以认为是最大上拔阻力与防沉板有效自重之间的差值，如下式所示：

$$\text{最大吸力}: S \approx F_{up} - G' \tag{7.21}$$

在同一拉拔速率下，带有 10mm 裙边的防沉板与无裙边的防沉板相比，产生了更高的上拔阻力，同时达到最大拉拔值所需要的位移也显著增加（2.73mm），并且在达到最大位移以后，防沉板底部的吸力也维持了相当长一段时间，由此可以看出

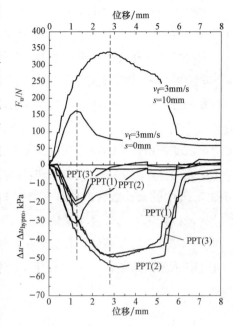

图 7.15　上拔阻力和孔隙水压力变化与拉拔位移之间的关系

裙边长度是防沉板下基底吸力的重要影响因素。由于黏土具有黏性，在拉拔的时候，会有一些黏土吸附在防沉板的底部，因此最终的稳定值比防沉板的有效重力值会略微大一些。当防沉板采用中心拉拔方式时，可以发现防沉板底面的三处孔隙水压力的变化曲线基本类似，但是防沉板底面中心处（PPT2）的孔隙水压力绝对值通常会大于另外两处位置（PPT1 和 PPT3），这是因为每个观测点处排水路径的长度不同。

2. 上拔速率的影响

在所有的防沉板离心机试验中，选取无裙边、中心拉拔试验部分（S1-1～S1-7）进行分析，试验中极限拉拔阻力（F_{up}）和基底孔隙水压力平均值的变化（Δu）与上拔速率之间的关系如图 7.16 所示。从图中可以看出，随着上拔速率的增加，所需的极限拉拔阻力明显增大。基于之前给出的 T-bar 试验数据，可以求出基底的不排水剪切强度（$s_{u0} = 2.6$kPa）；同时根据表 7.5 和式（7.20），推导出矩形基础的承载力系数 $N_c = 7.85$；将上述两个数据代入式（7.21），可以预测出不排水条件下，防沉板的极限拉拔阻力可以近似的预测为 $F_{up} = 162.05$N。

从图 7.16 可知，当防沉板的上拔速率

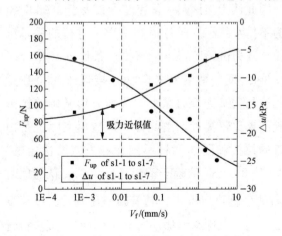

图 7.16　上拔阻力峰值和孔隙水压力变化与拉拔速率的关系

$v_f=3$mm/s 时，防沉板底面所产生的吸力已经超过了其本身在水下的有效重力的 1.5 倍，其最大拉拔阻力为 162.34N，与之前预测的不排水情况下理论极限值（162.05N）非常接近。由此可知，在这个拉拔速率下，防沉板底部的黏土已基本接近不排水条件。当拉拔速率 $v_f=0.0006$mm/s 时，其极限拉拔阻力下降到 92.5N，仅为 $v_f=3$mm/s 条件下的 55% 左右，但需要注意的是，拔出防沉板所需要的时间却提高了 1675 倍，在这个最缓慢的拉拔速率下，基底所产生的吸力仍然达到了 50% 左右的有效自重。基底的孔压传感器同样可以验证，虽然防沉板底部所产生的负孔压数值非常小（约为 −5kPa），但吸力仍然存在。因此，在试验中无法达到理论上的完全排水条件，其拉拔速率在离心机试验或现实工程中也无法实现。通过图 7.16 中的试验数据的曲线趋势可以发现，当拉拔速率在 0.06mm/s 和 0.6mm/s 之间时，极限拉拔阻力的提升率最快。

对于黏土中的浅基础，其极限拉拔阻力主要与黏土自身的不排水剪切强度（s_{uo}）相关。因此，其承载力系数，N_c，可以定义为如下：

$$N_c = \frac{S}{s_{uo}A} = \frac{F_{up}-G'}{s_{uo}A} \tag{7.22}$$

其中，s_{uo} 可由 T-bar 试验获得，A 为防沉板的面积。

基于无裙边防沉板中心拉拔试验的结果，并通过式（7.22），可以进一步得出相应的饱和黏土承载力系数（N_c）；同时将试验结果中基底孔隙水压力变化值 Δu 除以由深度变化所导致的孔隙水压力差值 Δu_{hypro}，进行无量纲化处理；对于上拔速率，文中采用芬尼和伦道夫（1994）提出的归一化速度参数（$V=v_f B/C_v$），该参数可用于对基础底部排水条件进行判别。将承载力系数、孔压变化无量纲值与归一化速度参数的关系进行整理，如图 7.17 所示。

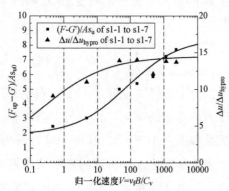

图 7.17 N_c 和 $\Delta u/\Delta u_{hypro}$ 与
$v_f B/C_v$ 的关系

从图 7.17 的左侧坐标可以看出，当归一化速度参数在 50～500 范围内时，承载力系数的增幅较快；当 V 值处于 3000 左右，曲线趋势接近于水平，因此认为当该归一化速度参数大于 3000 时土体为不排水状态。而芬尼和伦道夫进行的浅基础下压承载力试验所得出的不排水条件下 V 值介于 10～30 之间，两者相差较大，接近于两个数量级，这与勒汉进行的黏土中浅埋方形基础的拉拔试验结果比较接近，由此说明该数值实际上是由基础的拉拔和受压两种不同承载方式所决定的。当 $V<1$ 时，N_c 值趋于不变（$N_c=2$），认为此时土体条件近似于完全排水条件。从图 7.17 的右侧坐标可以看出，随着归一化基础上拔速度 V 的增加，孔隙水压力无量纲参数（$\Delta u/\Delta u_{hypro}$）也随之逐渐增加；当 $V\approx200$ 时，逐步接近于一个稳定值（$\Delta u/\Delta u_{hypro}=15$），这说明负孔压的增长与埋深变化所导致的净水压力差值呈线性关系，同时也说明当拉拔速率提高时，防沉板从黏土中拔出也需要更大的拉拔位移。

3. 裙边长度的影响

在一些特殊的海洋环境下，防沉板需要设计成四周带有裙边的特殊形状，以此抵抗所受到的水平荷载或弯矩效应，但裙边的长度通常不超过 $B/5$。针对防沉板裙边长度对其拉拔阻力的影响，本次试验中采用三种不同的裙边长度，分别为 $B/20$，$B/10$，$B/5$（2.5mm，5mm 和 10mm），同时在防沉板的中心施加两种拉拔速率，$v_f = 3$mm/s 和 $v_f = 0.0006$mm/s 分别代表不排水条件和完全排水条件两种情况，以此进行研究和分析。

对于带有裙边的防沉板上拔试验，防沉板底部所产生的吸力在引起土体破坏的同时，需要额外克服防沉板内部所包含土体的自重，因此，其承载力系数（N_c）可采用公式（7.28）进行表达：

$$N_c = \frac{S - \gamma' s A}{s_{uo} A} = \frac{F_{up} - G' - \gamma' s A}{s_{uo} A} \tag{7.23}$$

式中，s 为防沉板裙边的长度。

将防沉板与其内部的土体视为同一整体，同时将防沉板的厚度与其裙边长度的总和视为浅基础的埋深。通过公式（7.23）即可求得完全不排水条件下带有裙边的矩形防沉板基础的承载力系数（N_c），同时通过形状参数的处理，将其进一步转变为圆形基础下的承载力系数（N_c）。最后，将所得 N_c 值与埋深比 h/D 之间关系进行整理，如图 7.18 所示。马丁针对土中埋置的圆形基础给出了图中的下限解，从图中可知，试验所得的承载力系数（N_c）与该下限解吻合良好。

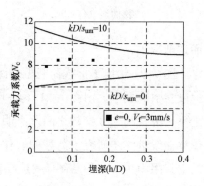

图 7.18　无偏心荷载时 N_c 与 h/D 的关系

将峰值上拔阻力中的吸力分量（$F - G'$），除以防沉板的基底面积（A），得到基底的吸附应力。图 7.19 给出了基底吸附应力与裙长比（s/B）的关系。在相同的上拔速率下，上拔阻力中由吸力所产生的基底应力随着裙长比明显增加。

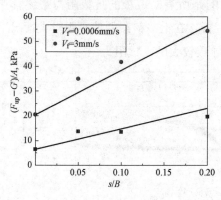

图 7.19　裙边长度比对吸附应力的影响

裙边使得孔隙水很难迅速地进入防沉板底部区域，从而产生更大的吸力值，并且基底吸附应力持续了更长时间。在高速率上拔情况下（$v_f = 3$mm/s），也就是黏土完全处于不排水条件，无裙边防沉板（$s/B = 0$）的峰值上拔力为 162.34kN，基底吸附应力接近 20kPa。然而，当裙长比 s/B 增加到 0.2 时，基底吸附应力呈线性增长，几乎达到 $s/B = 0$ 情况下基底吸附应力值的 3 倍。当上拔速率足够小的情况下（$v_f = 0.0006$mm/s），吸附应力仍接近于 20kPa，而且需要注意的是防沉板移除时间增加到 1934s，相当于原型试验的 503 天，这种情况在实际工程中是无法接受的。对于具有裙边的防沉板基础，很难消除其基础底部的吸力，仅仅通过降低上拔速度是很难将其从黏土中移除的。

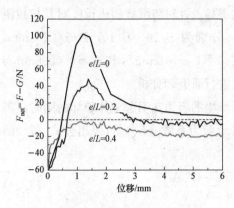

图 7.20　不同偏心距作用下上拔力 - 位移曲线（$v_f = 3\,\text{mm/s}$）

4. 偏心荷载的影响

图 7.20 记录了在拉拔速率为 $3\,\text{mm/s}$ 的情况下，荷载偏心率 $e/L = 0$、0.2、0.4 时无裙边防沉板模型上拔试验的荷载 - 位移曲线。将 3 个不同偏心距下的荷载 - 位移曲线进行对比可见，偏心率 $e/L = 0.4$ 时防沉板产生的上拔阻力明显小于偏心率 $e/L = 0$ 时的上拔阻力；在偏心率 $e/L = 0.4$ 的情况下，随着上拔位移的增大，上拔阻力并未产生明显峰值点，而是逐渐趋于稳定，最终接近于防沉板的有效自重。由此可见，在相同的拉拔速率下，防沉板基底吸力对上拔阻力的影响会随着荷载偏心率的增大而逐渐减小。

图 7.21 给出了上拔荷载偏心距 $e/L = 0.4$ 时无裙边防沉板的峰值上拔阻力 F_{up} 与归一化速度参数的关系。由图 7.21（a）明显可见，所有峰值上拔阻力值均在防沉板有效自重应力之下，并且与速度参数之间没有明显的规律性变化。图 7.21（b）通过三个典型的上拔力 - 位移曲线进一步研究了荷载偏心作用的影响。通常状态下，防沉板的上拔速率越小，所需要的上拔阻力越小，但从图 7.21（b）可见，当上拔速率为 $0.0006\,\text{mm/s}$ 时，防沉板所需的上拔阻力与高速率拉拔情况相比并没有明显减小。对三条曲线进行观察，当 $v_f = 0.0006\,\text{mm/s}$ 时，上拔阻力随着拉拔位移的平稳增加，并没有出现明显的峰值。当 $v_f = 0.06\,\text{mm/s}$ 和 $3\,\text{mm/s}$ 时，可发现随着上拔速率的增加，上拔阻力在拉拔初期的增幅较大，但随着峰值阻力的出现，拉拔阻力出现一个明显的跌落过程，然后又逐渐趋于平缓的上升趋势。虽然在图 7.21（b）中并没有完全给出拉拔全过程，但需要注意的是所有防沉板的抗拔阻力最终都接近于自身的有效重力 $60\,\text{N}$。总而言之，对于无裙边防沉板，在上拔荷载的偏心距较大情况下（本次试验为 $e/L = 0.4$），较快的上拔速率并不会直接导致较大的上拔阻力。

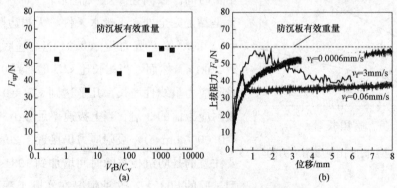

图 7.21　$e/L = 0.4$ 时无裙边防沉板的峰值上拔力

由于在荷载偏心距 $e/L=0.4$ 时，不同上拔速率所对应的上拔阻力都低于防沉板的有效自重应力，所以防沉板与黏土之间并无吸力产生。当最大拉拔速率 $v_f=3mm/s$ 和最小拉拔速率 $v_f=0.0006mm/s$ 时，无裙边防沉板基底孔隙水压力的发展过程如图 7.22 所示。当上拔速率为 $v_f=3mm/s$ 时，从位于上拔侧的孔压传感器 PPT（1）可见，防沉板下部仍出现了负孔隙水压力及基底吸力，同时另一侧的孔压传感器 PPT（3）显示的是几乎同样大小的正孔隙水压力，而位于防沉板中心处的孔压传感器 PPT（2）在上拔过程中几乎没有变化。该数据表明偏心上拔时，防沉板是围绕防沉板的中心轴线进行旋转的，翻转形式如图 7.22 （a）所示。根据力矩平衡方程，此时防沉板的上拔阻力并不包括其自身的有限重力。当上拔速率慢到 $v_f=0.0006mm/s$ 时，PPT（1）和 PPT（2）均显示为负孔压值，而 PPT（3）的值在上拔过程中基本不变。该数据表明偏心上拔过程中防沉板是围绕其拉拔一侧的边缘进行翻转，翻转形式如图 7.22 （b）所示。根据力矩平衡方程，在此情况下，其上拔阻力则包含防沉板有效自重应力的一半，即 $0.5G'$。当上拔速率 v_f 介于 3mm/s 和 0.0006mm/s 之间时，防沉板的旋转轴线逐渐从中心位置处向拉拔一侧的边缘移动，并且防沉板与下方土体在试验过程中由边缘处逐渐产生裂缝，防沉板下方土体呈逐渐破坏模式。由此可知，图 7.21 中所出现的数据无序状态可能是由于偏心上拔作用下（$e/L=0.4$）防沉板出现的翻转现象引起的。

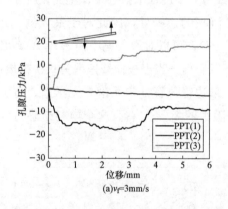
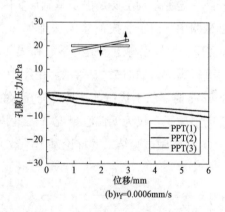

图 7.22　$e/L=0.4$ 时上拔过程的孔隙水压反应

选择偏心距 $e/L=0$ 和 $e/L=0.4$ 时峰值上拔力之差 ΔF_{up} 来评估偏心上拔对裙边防沉板的影响，如图 7.23 所示。对完全排水情况（$v_f=0.0006mm/s$），不同裙长防沉板的 ΔF_{up} 几乎完全相同，但当上拔速率增加到完全不排水条件时（$v_f=3mm/s$），ΔF_{up} 随裙长比（s/B）呈线性增加趋势。这些曲线的变化趋势说明在较快上拔速率的情况下，荷载偏心可以有效地减小带有裙边的防沉板的上拔阻力，并且裙边越长，其发挥的作用就越

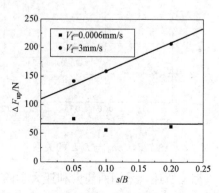

图 7.23　荷载偏心对不同裙长防沉板的影响

大。而在较低的上拔速率情况下，荷载偏心虽然也可以降低防沉板的拉拔阻力，但是对于具有不同的裙边长度的防沉板，其产生的效果基本一致。

由图 7.21 可知，偏心上拔荷载所产生的破坏模式为翻转破坏模式，与无偏心上拔情况不同，在偏心拉拔作用下，其拉拔阻力仅包含防沉板有效自重的一部分。因此方程（7.23）对偏心上拔试验并不适用。对于基础在边缘一侧拉拔可能出现基底脱离的浅基础形式，一般破坏包络面的形状可以用下面方程表达：

$$4\left(\frac{V}{V_u}\right)\left[1-\left(\frac{V}{V_u}\right)\right]-\sqrt{\left(\frac{M/D}{m_u V_u}\right)^2+\left(\frac{H}{h_u V_u}\right)^2-2a\left(\frac{HM/D}{h_u m_u V_u^2}\right)^2}=0 \quad (7.24)$$

式中，m_u 为弯矩承载力系数，h_u 水平承载力系数，a 为倾斜影响系数。

由于本小节的所有离心机试验并无水平荷载，方程（7.24）可以被进一步简化，其中弯矩（M）为上拔荷载与偏心距（e）之积，防沉板长度（L）用来代替圆形基础的直径（D），于是有

$$4\left[1-\left(\frac{V}{V_u}\right)\right]-\left(\frac{e/L}{m_u}\right)=0 \quad (7.25)$$

根据偏心荷载作用下的防沉板上拔试验数据，图 7.24 给出了弯矩承载力系数 m_u 与防沉板埋深 h/L 的关系。m_u 平均值接近 0.16，比 Martin 和 Houlsby 所建议的圆形浅基础的值 0.1 要高。这种差别主要是由于基础形状因数和上拔过程中偏心距发生变化所导致的。在本次模型试验中，由于上拔荷载无法施加在防沉板的边缘处，因此对于最大偏心距 $e/L=0.5$ 无法实现。但根据弯矩承载力系数和式（7.25），可以对最大偏心距 $e/L=0.5$ 时防沉板的上拔力进行预测，如图 7.25 所示。由图中可以看出，当上拔荷载速率为最快拉拔速率时，即 $v_f=3$mm/s 时，将上拔荷载施加在防沉板的最边缘位置处，无论有无裙边，防沉板的上拔阻力都明显减了，仅为无偏心情况下的上拔阻力的 30% 左右。这个预测结果与剑桥大学（Reid，2007）所做试验结果的推论基本一致。

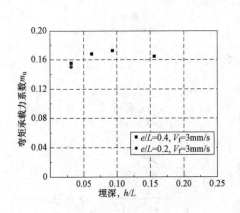

图 7.24 m_u 与 h/L 的关系

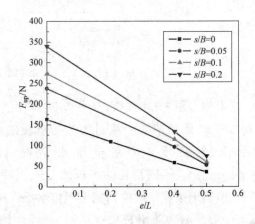

图 7.25 $v_f=3$mm/s 时 F_{up} 与 e/L 的关系

综上所述，采用西澳大利亚大学的鼓式土工离心机对防沉板的移除回收过程进行模型试验研究。针对正常固结饱和黏土中的防沉板，试验中采用了不同的拉拔速度、拉拔偏心率以

及防沉板的裙边长度，并且在拉拔过程中，采用高精度孔压传感器对基底的孔隙水压力变化也进行了监测，探讨了上拔速率、荷载偏心率以及防沉板的裙长比三个因素对上拔特性的影响，结论如下。

（1）通过孔压传感器可得到基底孔隙水压力的实时变化曲线，进而得到基底吸力与上拔速率 v_f 之间的关系。在所有的试验过程中，随着上拔速率 v_f 的减小，防沉板基底的排水条件和基底黏土变形的速率影响得以改善，因此基底的吸力也随之减小。需要注意的是，拉拔速率过小时，会导致拉拔时间呈倍数增加，在实际的防沉板回收工程中并不可行。因此，在施加无偏心上拔荷载情况下，选择合适的拉拔速率以减小所需的上拔荷载是非常必要的。

（2）通过高精度的孔隙水压力传感器可得到防沉板基底孔隙水压力的实时变化曲线可知，随着防沉板裙边的长度逐渐增加，基底饱和黏土所产生的基底吸力明显增大，且持续时间也明显增长，防沉板的裙边使基底下部区域更接近于完全不排水条件，即使采用较慢的上拔速率也很难将防沉板从饱和黏土中移除，由此导致上拔操作时间明显增长。

（3）与中心上拔荷载相比，偏心上拔荷载会引起不同的破坏模式。由基底的孔隙水压力的实时变化曲线可知，防沉板在低速拉拔和高速拉拔情况下，围绕不同的轴线产生了翻转。由于力臂的作用，防沉板所需的上拔力明显减小，防沉板与黏土之间逐步分离。根据浅基础的 V-M 空间破坏包络面方程，通过反推弯矩承载力因数，进一步预测出拉拔偏心 $e/L=0.5$ 时防沉板所需的上拔力，与其他学者进行试验得出的数据相吻合。因此，在防沉板的侧边位置处施加偏心上拔荷载最为有效。

7.3　黏土中螺旋锚基础上拔承载特性

近年来，螺旋锚因其能够快速安装和立即承受荷载的特性而被广泛应用于输电线路工程中。然而螺旋锚不同的几何尺寸对上拔承载特性影响较大，如锚的埋置深度、锚盘间距、锚盘直径等。郝冬雪等通过室内模型试验对砂土中平板锚及螺旋锚承载特性进行了研究，探讨了锚盘型式、锚盘埋深比和锚盘间距比对上拔力承载力的影响，提出了不同密实度砂土中单锚上拔承载力的计算方法，给出了发生"独立破坏模式"和"圆柱破坏模式"的锚盘临界间距。董天文等使用极限平衡理论和迈耶霍夫深基础承载力理论，提出抗拔螺旋桩首层叶片界限埋深和叶片控制间距，提出了多片螺旋桩竖向上拔破坏模式，并基于深基础承载力理论对螺旋桩基础的抗拔承载性状进行分析，提出了叶片距宽比的修正参数。伊兰帕鲁蒂等在松砂、中密及密砂中进行了不同埋深比、不同板径的圆形锚的上拔试验，给出荷载位移关系曲线，观察不同埋深比土体的破坏模式，提出一系列不同内摩擦角砂土中圆形锚板上拔力因数的经验公式，并与 14 次现场试验结果对比，验证极限承载力计算方法的有效性。梅里菲尔德采取有限元分析方法探讨了在饱和黏土（$\phi_u=0$）中首层锚盘浅埋和深埋两种情况时锚盘间距比及数目对螺旋锚上拔力的影响，给出不同情况的上拔承载力公式。对于浅埋锚，每个锚片承载力系数（无重量土中）与锚片埋深比无关，仅与锚片间距有关；对于深埋锚，随着

锚片间距的变化，会发生整体破坏和局部化破坏两种模式，两者发生转化的临界间距约为
1.58D。整体深埋破坏时，整个螺旋锚上拔力是锚片间距比和锚片数目的函数，局部化深破
坏模式时，上拔力为各锚盘上拔力之和。王等对非均质饱和黏土中多锚片螺旋锚进行大变形
分析，认为锚盘间距比 $S/D \leqslant 3.2$ 时，圆柱剪切破坏模式发生；$S/D \geqslant 5$ 时，承载量破坏模
式发生。

上述螺旋锚上拔承载力的研究分别针对砂土和饱和黏土（$\phi_u = 0$）的情况，而实际上螺
旋锚基础不仅适用于砂土、淤泥质软土地基，对于可塑及硬塑的黏土地基也适用，尤其当作
为输电杆塔或拉线基础时，线路跨越范围内会出现不同的土质条件。但针对可塑黏性土地基
中螺旋锚的上拔承载力特性及数值模型分析很少。因此，本节基于有限单元法研究可塑黏性
土地基中螺旋锚基础的上拔承载特性，重点探讨其几何尺寸对破坏模式和抗拔能力的影响。

7.3.1 螺旋锚有限元模型建立

1. 计算模型

由于荷载和结构是完全对称的，所以取整个模型的 1/4 作为计算模型，根据《架空输
电线路螺旋锚基础设计技术规范》中基本规定，锚盘直径宜取 20～70cm，螺旋锚杆径宜为
8～13cm。故本小节中等直径锚盘直径（D）取 40cm，锚杆直径（d）取 10cm，螺旋锚尺寸
如图 7.26 所示。为了消除边界条件的影响，计算域以锚片底部向下取 1 倍锚杆长度，径向
边界取 20 倍的锚片直径。约束土体下表面 x、y、z 方向上的位移，即 $U1=U2=U3=0$；侧
面约束 x、z 方向的位移和绕 y 轴上的旋转，即 $U1=U3=UR2=0$；锚顶面与刚性表面 tie
连接，荷载施加在刚性面的参考点上，采用位移加载方式。由于上拔过程中螺旋锚周围土体
会产生较大变形，需对螺旋锚周围一定范围内土体进行网格加密处理，锚体和土体均采用
C3D8R 实体单元进行划分，螺旋锚网格详图如图 7.27 示。

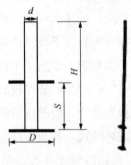

图 7.26　锚几何图形

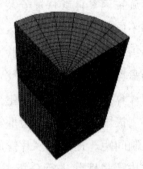

图 7.27　螺旋锚网格

2. 本构模型及模型参数

假定土为均质、连续、各向同性弹塑性材料，遵循摩尔 - 库仑屈服准则。螺旋锚达到极
限荷载时，锚身一般不发生破坏，故螺旋锚采用线弹性本构模型。模型参数如表 7.8 所示，
其中土性参数在《架空输电线路螺旋锚基础设计技术规范》中可塑黏土参数范围选取。锚－
土之间的接触型式为摩擦接触，分析过程中螺旋锚和土之间的摩擦系数保持不变（摩擦系数

$\mu=\tan\phi=0.12$，ϕ 为摩擦角）。

表 7.8　　　　　　　　　　　　　　螺旋锚模型的物理参数

类型	密度/（kg/m³）	弹性模量/MPa	泊松比	内摩擦角（°）	剪胀角（°）	黏聚力/kPa
锚	7800	206000	0.3	—	—	—
土体	1490	3	0.3	7	5	40

7.3.2　螺旋锚的几何尺寸对抗拔承载特性的影响

1. 埋置深度的影响

为了研究螺旋锚埋置深度对上拔承载力的影响，建立不同埋深单盘螺旋锚模型，锚盘埋深（H）与直径（D）之比（H/D）= 4，6，8，9，10，11，12。

图 7.28 为不同埋深比时的上拔荷载 - 位移（Q - u）关系曲线。从图中可知，在施加位移荷载早期，荷载增长量较大，随着位移的增加，荷载增量逐渐减小。当 H/D=4 和 6 时，Q-u 曲线为陡降型，即当位移增大到一定程度时，荷载不再增加或增量很小；当 H/D>6 后，荷载位移曲线向缓变型发展，即随着位移的增加，荷载增速放缓，但仍在逐渐增加；随着埋深比加大，荷载位移曲线拐点出现时对应的位移值最大。若以 0.45m 对应的上拔力进行比较，H/D=4、6、9 和 12 时上拔力分别为 46.9kN、85.9kN、146.5kN 和 189.9kN，上拔力较上一级埋深比时荷载值提高量分别是 82.9%、69.7% 和 28.7%。对上拔力进行无量纲化处理，上拔力系数 $K_r=Q/\gamma AH$，γ 为土体重量，A 为锚盘面积，绘制不同埋深比与上拔力系数 K_r 关系曲线，如图 7.29 所示，当 H/D≤9 时，上拔力系数 K_r 呈直线趋势增长；当 H/D>9 时，K_r 基本保持不变。由此可见，随着埋深比的增大，上拔力逐渐增大，当 H/D>9 时，上拔力增大幅度放缓，上拔力系数略有减小。因此，在实际施工设计时，满足 H/D>9，可使螺旋锚发挥最大效率。

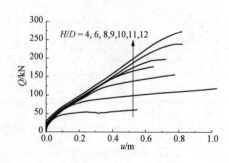

图 7.28　不同埋深比的 Q-u 曲线

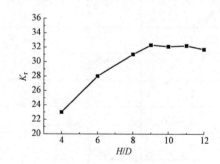

图 7.29　埋深比与上拔力系数曲线

2. 锚盘间距的影响

为了研究锚盘间距比的影响，对具有不同锚盘间距的等直径双盘螺旋锚进行数值模拟。保持锚盘直径、埋深比、杆径大小不变，改变锚盘间距的大小。根据上面单锚计算结果，当单锚 H/D>9 时，螺旋锚发挥效果最好。因此，研究双锚盘螺旋锚和多锚盘螺旋锚几何尺寸时，设置埋深比大于 9 即可，故在下面分析计算中 H/D 固定为 12。锚盘间距（S）与锚盘直径（D）之比分别是 1，2，2.5，3，4.5，6。

螺旋锚上拔力发挥效率定义为多锚盘螺旋锚上拔力与每个单锚上拔力之和的比值：

$$\eta = \frac{Q_{MU}}{\sum Q_{IU}} \times 100\% \tag{7.26}$$

式中，η 是效率，Q_{MU} 是多锚盘螺旋锚上拔力，Q_{IU} 是单锚上拔力。

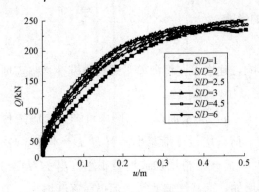

图 7.30 不同间距比的 Q-u 曲线

图 7.30 为不同锚盘间距比时螺旋锚上拔位移-荷载曲线，各锚上拔荷载-位移曲线特征相似，当上拔位移（u）<0.25m 时，随着位移的增加，上拔力增长迅速，此后上拔力增长缓慢，当上拔位移超过 0.4m 后，荷载-位移曲线接近水平，故将上拔位移 0.4m 对应的上拔力作为各锚极限上拔力，并由式（7.26）计算双盘锚发挥效率 η，列于表 7.9 中。随着锚盘间距比的变大，螺旋锚发挥效率变大。$S=1D$ 时，两锚盘互相影响较大，螺旋锚发挥效率小于 70%；$S=4.5D$ 时，螺旋锚发挥效率达到 91.3%；$S=6D$ 时，螺旋锚发挥效率达到 92.6%，接近单独破坏形式。考虑实际工程应用时，锚盘间距 $S=4.5D$ 的螺旋锚更容易将锚盘设置在持力性较好的同一种土层中，而且 $S=4.5D$ 和 $S=6D$ 螺旋锚发挥效率非常相近，故建议锚盘间距取 $4.5D$。

表 7.9 单盘及双盘螺旋锚上拔承载力及效率

n（锚盘个数）	S/D	H/D	Q_u/kN	η（100%）
1	0	6	92.76	—
1	0	7.5	120.12	—
1	0	9	144.45	—
1	0	10	145.18	—
1	0	11	148.35	—
1	0	12	157.51	—
2	1	11, 12	210.67	68.8
2	2	10, 12	227.69	75.1
2	3	9, 12	241.55	80.0
2	4.5	7.5, 12	242.47	91.3
2	6	6, 12	239.04	92.6

图 7.31 为不同间距比时土体的位移云图，从图中可知，深色区域表示位移比较大的部分，当锚盘间距 $S=1D$、$2D$ 时，锚盘之间土体呈现深色，即 $S \leqslant 2D$ 时，随着螺旋锚向上位移的增大，锚盘间土体整体上移，呈现出一个圆柱滑裂面，破坏模式属于圆柱剪切破坏模式。而当锚盘间距 $S \geqslant 4.5D$ 时，随着锚盘上拔位移的增加，锚盘间土体位移也有所增加，但是随着锚盘间距的增大，锚盘间土体位移增加幅度减小，接近单独破坏模式，土体破坏形式属于承载量破坏模式。

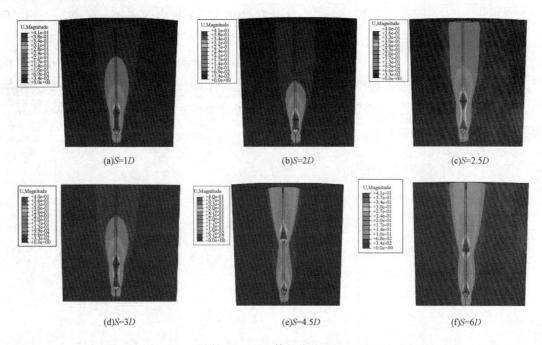

(a)$S=1D$ (b)$S=2D$ (c)$S=2.5D$

(d)$S=3D$ (e)$S=4.5D$ (f)$S=6D$

图 7.31 不同间距比时土体的位移云图（$u=0.4\text{m}$）

3. 锚盘直径的影响

多锚盘螺旋锚有等直径和非等直径两种，为了分析锚盘直径变化对抗拔力的影响，建立不同锚径的三盘螺旋锚模型，如图 7.32 所示。其中，锚盘平均直径 $D=40\text{cm}$，间距为效率发挥较好的间距 $S=4.5D$，锚杆直径 $d=10\text{cm}$。图 7.32（a）的螺旋锚为等直径锚；图 7.32（b）的螺旋锚自上而下锚径依次减小，分别为 50cm、40cm、30cm。

图 7.33 为两种直径时 $Q\text{-}u$ 曲线。从图中可知，当上拔位移超过 0.3m 后，荷载-位移曲线接近水平，故将上拔位移为 0.3m 对应的上拔力作为各锚极限上拔力，当锚盘上拔位移达到 0.3m 时，等直径螺旋锚和非等直径锚的上拔力分别为 236kN 和 223kN，非等直径锚较等直径锚承载力降低了 5.5%。但在实际工程施工时，非等直径锚盘上大下小的型式更利于安装，比等直径锚的上拔力降低量又少，所以在实际工程中优选非等直径螺旋锚。

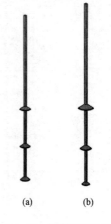

(a)   (b)

图 7.32 等直径和非等直径螺旋锚模型

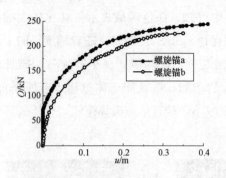

图 7.33　不同直径螺旋锚 Q-u 曲线

综上所述，通过对可塑黏性土地基中不同几何尺寸的螺旋锚上拔力进行分析得出，随着螺旋锚埋置深度的变大，螺旋锚上拔力变大，当 H/D >9 时，上拔力增加幅度缓慢，上拔力系数趋于稳定。在实际施工设计时，满足 H/D>9，可使螺旋锚发挥较大效率。经过对可塑黏土中不同间距比双盘螺旋锚上拔力效率进行研究，S=4.5D 时，螺旋锚发挥效率超过 90%，各锚盘破坏模式影响较小的临界间距约为 4.5D。通过对平均直径及间距相同的等直径和非等直径三盘螺旋锚上拔力进行分析，非等直径螺旋锚的上拔力略低于等直径螺旋锚，但是考虑在实际工程施工时，非等直径螺旋锚更容易钻进，故建议实际工程施工时采用非等直径螺旋锚。

第8章 深海工程结构地基稳定性评价方法

海洋工程结构地基在工作中不仅承受上部结构及其自身所引起的竖向荷载的长期作用，而且往往还受到波浪、海流等所引起的水平荷载及力矩的作用。这些荷载通过基础传到地基上，从而使地基受到水平荷载、竖向荷载和力矩荷载的共同作用，这种加载方式称为复合加载模式，若进一步考虑各个荷载分量随时间的循环变化，则这种复合加载模式称为循环复合加载模式（或变值复合加载模式）。此时，由引起地基破坏时的各种荷载分量组合在荷载空间内构成了一个三维极限状态曲线，称为地基的极限荷载包络图。对于给定的土质和土层条件，极限荷载包络图是全面表达复合加载条件下地基极限承载力的合理方式。因此，通过在荷载空间内绘制各个荷载分量达到极限平衡状态时所组合形成的极限荷载包络面或稳定/破坏包络面，依此评价复合加载模式下吸力式桶形基础的稳定性。

8.1 有限元数值实施方法

竖向力、水平力与力矩等多种荷载分量共同作用的复合加载模式在有限元计算中必须按照一定的加载路线或程序进行加载，依此可以唯一确定地基达到极限平衡状态时所对应的破坏荷载。对此一般采用 Swipe 试验加载方式进行加载分析。Swipe 试验加载方法最早由谭提出，并应用于离心机模型试验中，试验过程包括两个加载步骤。下面以搜寻 ij 荷载平面上的破坏包络面为例阐述加载程序：①沿 i 方向从 0 加载状态开始施加位移 u_i 直至 i 方向上的荷载不再随着位移的增大而改变；②保持 i 方向的位移不变而沿 j 方向施加位移 u_j 直到沿 j 方向所施加的荷载不随 j 方向的位移增加而改变。第二步中所形成的加载轨迹可以近似作为 ij 荷载平面上的破坏包络面，如图 8.1 所示。

对竖向荷载、水平荷载与力矩荷载等多种荷载分量共同作用的复合加载模式，采用 Swipe 试验加载方式进行加载分析。在有限元数值计算中，加载方式采用不同的加载比。有限元加载分析方法见表 8.1。

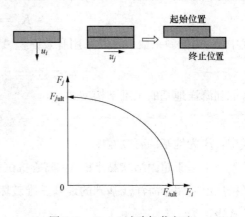

图 8.1 Swipe 试验加载方法

表 8.1 有限元加载分析方法

序号	加载方式	注释
1	位移控制法	首先施加 V 然后施加 H； Swipe：首先施加 V 然后施加 M； 首先施加 H 然后施加 M
2	位移控制法	首先施加 H 然后施加 V； Swipe：首先施加 M 然后施加 V； 首先施加 M 然后施加 H
3	位移控制法	$\delta h/\delta v=2.0$、$\delta v/D\delta\theta=2.0$
4	位移控制法	$\delta h/\delta v=1.0$、$\delta v/D\delta\theta=1.0$
5	位移控制法	$\delta h/\delta v=0.5$、$\delta v/D\delta\theta=0.5$

通过 Swipe 试验加载方法进行加载有限元分析，直接寻找复合加载条件下破坏包络面上每个荷载组合点的近似下限解，并由此确定在给定复合加载条件下单桶基础的地基破坏模式及其承载力，并与现有理论进行对比分析。

8.2 复合加载模式下吸力式桶形基础稳定性评价

复合加载模式下海洋基础地基承载力是 ISO 依据均质软黏土地基上条形基础的传统承载力理论求解的，其表达形式

$$V_{ult} = AS_u N_c K_c \qquad (8.1)$$

式中，V_{ult} 为竖向极限承载力；A 为基础表面积；S_u 为软黏土的不排水抗剪强度；N_c 为条形基础竖向承载力系数；K_c 为荷载修正系数，其表达形式

$$K_c = 1 - i_c + s_c$$

式中，i_c 为倾斜系数，可以采用有效面积 A' 表示

$$i_c = 0.5 - 0.5\sqrt{(1 - H/A'S_u)}$$

考虑到海洋地基的三维结构型式

$$s_c = s_{cv}(1 - 2i_c)B'/L$$

式中，B' 为地基的有效宽度。

马丁基于超固结软黏土的 $1g$ 离心机试验，针对复合加载模式下的纺锤形海洋基础提出了被广泛应用于海洋浅基础的地基三维破坏包络面，依次评价海洋浅基础的稳定性，其经验公式表达为

$$f = \left[\left(\frac{M}{M_0}\right)^2 + \left(\frac{H}{H_0}\right)^2 - 2\bar{e}\left(\frac{M}{M_0}\right)\left(\frac{H}{H_0}\right)\right]^{1/2\beta_2} - \bar{\beta}^{\frac{1}{\beta_2}}\left(\frac{V}{V_0}\right)^{\beta_1/\beta_2}\left(1 - \frac{V}{V_0}\right) \qquad (8.2)$$

式中，$M_0 = m_0 \cdot 2RV_0$，$H_0 = h_0 \cdot V_0$，$\bar{e} = e_1 + e_2\left(\frac{V}{V_0}\right)\left(\frac{V}{V_0} - 1\right)$，$\bar{\beta} = \frac{(\beta_1 + \beta_2)^{\beta_1 + \beta_2}}{(\beta_1)^{\beta_1}(\beta_2)^{\beta_2}}$，$V_0$ 为

竖向极限承载力，马丁根据试验，求得 $m_0=0.083$，$h_0=0.127$，$e_1=0.518$，$e_2=1.180$，$\beta_1=0.764$，$\beta_2=0.882$。该地基三维破坏包络面的经验数学表达形式是针对纺锤形基础通过试验所得到的结论推导，但不适用于描述数值计算所得到的地基三维破坏包络面特性和描述桶形基础的深海基础形式。

布兰斯比与伦道夫对海洋圆形浅基础在复合加载模式下的地基三维破坏包络面特性，基于二维空间内的地基破坏包络面特性，提出了其经数学表达式来近似模拟地基三维破坏包络面特性

$$f = \alpha_3 \sqrt{\left(\frac{M^*}{M_{ult}}\right)^{\alpha_1} + \left(\frac{H}{H_{ult}}\right)^{\alpha_2}} + \left(\frac{V}{V_{ult}}\right)^2 - 1 = 0 \tag{8.3}$$

式中，$\frac{M^*}{ADS_{u0}} = \frac{M}{ADS_{u0}} - \left(\frac{z}{B}\right)\left(\frac{H}{AS_{u0}}\right)$，$M^*$ 为距离地基旋转参考点处的计算力矩，z 为参考点深度，B 为地基的宽度，A 为地基表面积，α_1、α_2、α_3 为地基土非均质性影响因子，S_{u0} 为软黏土表面不排水抗剪强度，M_{ult}、H_{ult}、V_{ult} 分别为地基的力矩、水平、竖向极限承载力。该地基三维破坏包络面的经验数学表达形式虽然是通过数值计算结果推导得到的，但该表达形式是基于二维空间内的地基破坏包络面将其扩展得到，因此不适用描述深海基础形式的地基三维破坏包络面特性。

泰巴特与卡特基于现有分析结论的基础上，对长径比为 0.5 的沉箱进行了离心机试验和数值分析，通过考虑力矩荷载与水平荷载之间的相互关系，绘制了长径比较小的沉箱基础的地基三维破坏包络面，从而推导了其经验数学表达形式

$$f = \left(\frac{V}{V_{ult}}\right)^2 + \left[\left(\frac{M}{M_{ult}}\right)\left(1 - \alpha_1 \frac{HM}{H_{ult}|M|}\right)\right]^2 + \left|\left(\frac{H}{H_{ult}}\right)^3\right| - 1 = 0 \tag{8.4}$$

式中，M_{ult}、H_{ult}、V_{ult} 分别为地基的力矩、水平、竖向极限承载力，α_1 为土性参数影响因子。

由于该地基三维破坏包络面数学表达形式是基于长径比为 0.5 的沉箱基础推导的，只适用于长径比较小的沉箱基础，不适用于长径比大于 1 的桶形基础。因此，本小节通过有限元数值分析，基于泰巴特与卡特所提出的地基三维破坏包络面的经验数学表达形式，对其进行修正，使其能够描述不同长径比的单桶基础结构在复合加载模式下的地基三维破坏包络面。

8.2.1 V-H 荷载空间

首先，研究长径比 $L/D=1$ 的单桶基础在水平荷载和竖向荷载共同作用下的破坏包络线特性。图 8.2 给出了在 V-H 应力空间内不同加载方式所得到的破坏包络线。从图中可知：①不同 Swipe 试验加载方法得到了不同的复合加载破坏曲线，各个曲线都在不同的破坏点发生弯曲，此弯曲破坏点即为复合加载破坏包络点，连接这些破坏包络点就构成了复合加载破坏包络线。②在水平荷载和竖向荷载共同作用下，当水平荷载不超过水平极限承载力的 50% 时，桶形基础的竖向承载力基本保持不变，该曲线呈水平线变化；当水平荷载超过水平极限承载力的 50% 时，桶形基础的竖向承载力随着水平荷载的增大而降低，该曲线呈双曲

线变化。

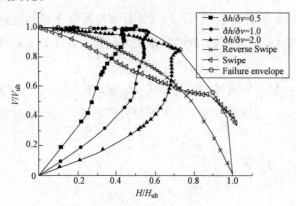

图 8.2 不同加载方法所得到的破坏包络线

其次，通过研究不同长径比的单桶基础在水平荷载与竖向荷载共同作用下的破坏包络线特性，拟合了 V-H 空间内破坏包络线的数学表达式。图 8.3 在 $M=0$ 平面内给出了不同长径比 $L/D=$ 0.5、1.0、2.0 桶形基础的应力无量纲和应力归一化复合加载破坏包络线。由图 8.3（a）可知：①不同长径比（L/D）作用下桶形基础的复合加载破坏包络线变化趋势基本相似；随着 L/D 的增

加，破坏包络面逐渐扩大。②桶形基础在竖向荷载与水平荷载共同作用下的承载性能随着 L/D 的增加而提高，这与单调加载作用下的情况基本一致。进而，与魏锡克、博尔顿、默夫、布兰斯比和伦道夫等对浅基础在 V-H 应力空间内应力归一化复合加载破坏包络线比较，由图 8.3（b）可知：①有限元计算结果比较理想，破坏包络面变化趋势基本相似，且相差不大；②有限元计算所得的不同长径比 $L/D=0.5$、1.0、2.0 桶形基础的应力归一化复合加载破坏包络面与布兰斯比和伦道夫所提出的方法计算所得的破坏包络面更为接近。

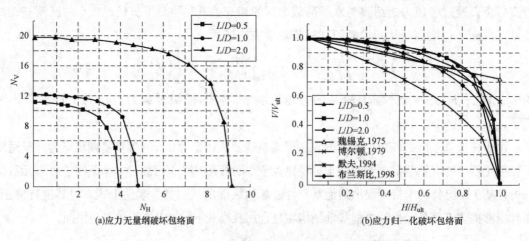

(a)应力无量纲破坏包络面　　(b)应力归一化破坏包络面

图 8.3 V-H 平面内不同长径比的桶形基础破坏包络面

根据图 8.3（b）应力归一化复合加载破坏包络面，拟定椭圆曲线方程为

$$\left(\frac{H}{H_{ult}}\right)^{\alpha_1}+\left(\frac{V}{V_{ult}}\right)^{\beta}=1 \tag{8.5}$$

圣德斯和凯建议 α_1 和 β 取值为 3。考虑到桶形基础长径比（L/D）的影响，将其影响因素计入 α_1 和 β 中，通过计算验证，建议

$$\begin{cases}\alpha_1=1.5+L/D\\\beta=4.5-L/3D\end{cases} \tag{8.6}$$

8.2.2　V-M 荷载空间

首先，研究长径比 $L/D=1$ 的单桶基础在竖向荷载与力矩荷载共同作用下的破坏包络线特性。图 8.4 给出了在 V-M 应力空间内不同加载方式所得到的归一化破坏包络线。从图可知，在竖向荷载和力矩荷载共同作用下，当竖向荷载不超过竖向极限承载力的 40% 时，桶形基础的力矩承载力基本保持不变，该曲线呈水平线变化；当竖向荷载超过竖向极限承载力的 40% 时，桶形基础的力矩承载力随着竖向荷载的增大而降低，该曲线呈双曲线变化。

其次，通过研究不同长径比的桶形基础在竖向荷载与力矩荷载共同作用下的破坏包络线特性，拟合了 V-M 应力空间内破坏包络线的数学表达式。图 8.5 在 V-M 应力空间内分别给出了不同长径比 $L/D=$ 0.5、1.0、2.0 桶形基础的应力无量纲和应力归一化复合加载破坏包络面。由图 8.5（a）可知：①桶形基础在不同长径比 (L/D) 作用下的应力无量纲破坏包络面变化趋势基本相似，且随着 L/D 值的增大而

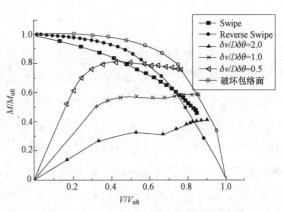

图 8.4　V-M 平面内归一化破坏包络面

扩大；②桶形基础在竖向荷载与力矩共同作用下的承载性能随着 L/D 的增加而提高，这与单调加载作用下的情况基本一致。其次，与默夫、布兰斯比和伦道夫针对浅基础在 V-M 应力空间内应力归一化复合加载破坏包络面比较，由图 8.5（b）可知，有限元计算结果与默夫、布兰斯比和伦道夫计算所得破坏包络面变化趋势并不相同，存在一定的差距。其中有限元计算所得的破坏包络面包含默夫、布兰斯比与伦道夫计算所得的破坏包络面，这是由于默夫、布兰斯比与伦道夫方法是针对海洋浅基础进行的分析，没有考虑基础埋深对破坏包络面的影响；而有限元计算考虑了基础埋深对破坏包络面的影响，从而随着基础埋深的增加，基础破坏包络面不断扩大，这与王志云等所得到的结论基本一致。

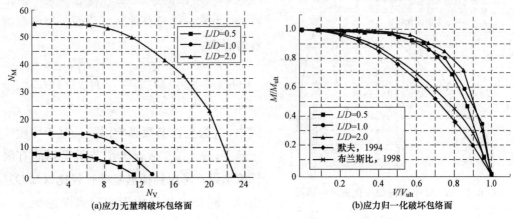

(a)应力无量纲破坏包络面　　　　　　　(b)应力归一化破坏包络面

图 8.5　V-M 平面内破坏包络面

根据图 8.5 (b) 应力归一化复合加载包络面，拟定椭圆曲线方程为

$$\left(\frac{M}{M_{\text{ult}}}\right)^{\alpha_2} + \left(\frac{V}{V_{\text{ult}}}\right)^{\beta} = 1 \tag{8.7}$$

布兰斯比等通过研究浅基础在 $V\text{-}M$ 荷载空间破坏包络面的分布情况建议 α_2、β 分别取值为 1 和 4。考虑到水平荷载与力矩荷载的作用效果相似性以及桶形基础长径比 (L/D) 的影响，同样将长径比影响因素考虑到 α_2、β 中，通过计算验证，建议

$$\begin{cases} \alpha_2 = 0.5 + L/D \\ \beta = 4.5 - L/3D \end{cases} \tag{8.8}$$

8.2.3 *H-M* 荷载空间

首先，研究长径比 $L/D=1$ 的单桶基础在水平荷载与力矩荷载共同作用下的破坏包络线特性。图 8.6 给出了在 $H\text{-}M$ 应力空间内单桶基础的地基破坏包络面，并与默夫、布兰斯比与伦道夫所得到的地基破坏包络面进行了对比。从图中可知，①由于水平荷载与力矩荷载作用效果相互影响，其破坏包络线呈非轴对称性。②当水平荷载与力矩荷载作用方向相同时，破坏包络线随着水平荷载的增大而直线增加；当力矩荷载达到力矩极限荷载时，破坏包络线陡然下降，最终达到水平极限荷载。③当水平荷载与力矩荷载作用方向相反时，破坏包络线随着反向水平荷载的增加而降低。这是由于水平荷载与力矩荷载均是风、波浪等作用在海洋平台结构上，通过平台自身结构传递到基础上产生的横向荷载，因此这两种荷载分量存在一定的相互作用和相互影响。与此同时，由第二章分析可知，水平荷载与力矩荷载的破坏机理及承载力特性差别不大。④默夫所得到的地基破坏包络面低估了复合加载模式下单桶基础的稳定性；而布兰斯比与伦道夫所得到的地基破坏包络面在水平荷载与力矩荷载作用相反时与有限元所得到的结果一致，当水平荷载与力矩荷载作用相同时，其包络面图形基本与有限元所得到的图形相似，但包含有限元计算所得到的包络面，即高估了复合加载模式下单桶基础的稳定性。

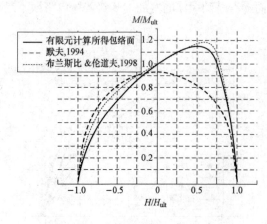

图 8.6 *H-M* 平面内归一化破坏包络面

其次，基于泰巴特与卡特所提出的地基三维破坏包络面的经验数学表达形式，根据图 8.6 应力归一化复合加载包络面，拟定椭圆曲线方程为

$$\left|\left(\frac{H}{H_{\text{ult}}}\right)^{\alpha_1}\right| + \left[\frac{M}{M_{\text{ult}}}\left(1 - \eta\frac{HM}{H_{\text{ult}}|M|}\right)\right]^{\alpha_2} = 1 \tag{8.9}$$

式中，η 为土性参数影响因子，对于均质软黏土地基，$\eta = 0.5$ 适合本小节所得到的有限元计算结果；考虑到桶形基础长径比 (L/D) 的影响，同样将长径比影响因素考虑到 α_1、α_2 中，通过计算验证，建议

$$\begin{cases} \alpha_1 = 1.5 + L/D \\ \alpha_2 = 0.5 + L/D \end{cases} \tag{8.10}$$

8.2.4　$V\text{-}H\text{-}M$ 荷载空间

图 8.7 给出了不同力矩荷载 M 作用下所得到的 $V\text{-}H$ 破坏包络线。从图中可知，在不同力矩荷载作用下，$V\text{-}H$ 荷载空间内地基破坏包络图形状相似；随着力矩荷载分量的增大，$V\text{-}H$ 荷载空间内地基破坏包络图的形状大小逐渐缩小。当 $M = 1.0M_{ult}$ 时，地基破坏包络图缩小为一点。

图 8.8 在 $V\text{-}H\text{-}M$ 荷载空间内给出了复合加载模式下长径比 $L/D = 1.0$ 的单桶基础的三维破坏包络面。从图中可知，随着力矩分量的增加，$V\text{-}H$ 平面内的破坏包络线逐渐缩小，最终退缩为一点，由此形成一个封闭的 1/4 椭球体。根据实际荷载组合作用下桶形基础的承载力性能与有限元数值计算所推导的空间破坏

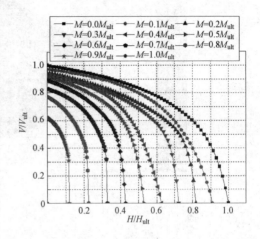

图 8.7　$V\text{-}H$ 平面上不同力矩荷载的地基稳定/破坏包络线

包络曲面之间的相对关系，可以判断软黏土地基上桶形基础的工作状态，例如当实际荷载组合位于破坏包络面之外时，可以判定地基将可能发生失稳。

基于不同荷载空间内所推导的地基破坏包络面的数学表达式以及有限元数值计算所得到的地基三维破坏包络面，对泰巴特与卡特所提出的地基三维破坏包络面的经验数学表达形式进行修正，提出了单桶基础在 $V\text{-}H\text{-}M$ 荷载空间内的地基三维破坏包络面的数学表达式为

$$f = \left(\frac{V}{V_{ult}}\right)^{\beta} + \left[\frac{M}{M_{ult}}\left(1 - \eta\frac{HM}{H_{ult}|M|}\right)\right]^{\alpha} + \left|\left(\frac{H}{H_{ult}}\right)^{\alpha+1}\right| - 1 = 0 \tag{8.11}$$

式中，η 为土性参数影响因子，对于均质软黏土地基，$\eta = 0.5$ 适合本小节所得到的有限元计算结果；考虑到桶形基础长径比（L/D）的影响，同样将长径比影响因素考虑到 α、β 中，通过计算验证，建议

$$\begin{cases} \alpha = 0.5 + L/D \\ \beta = 4.5 - L/3D \end{cases} \tag{8.12}$$

通过对不同荷载空间内地基破坏包络面的拟合可知，式（8.11）改善了泰巴特与卡特所提出的地基三维破坏包络面的经验数学表达式只能近似模拟长径比（L/D）较小的桶形基础破坏包络面的不足，能够很好地模拟各个荷载空间内的地基破坏包络面，为桶形基础的设计和施工提供理论参考。

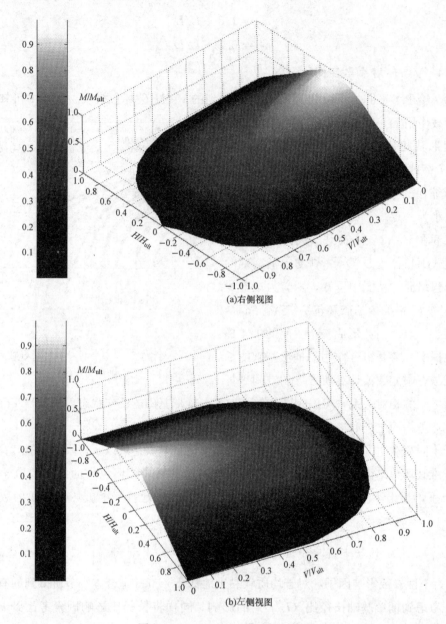

(a)右侧视图

(b)左侧视图

图 8.8　V-H-M 三维破坏包络面

🌱 8.3　变值复合加载模式下吸力式桶形基础
稳定性评价

　　图 8.9 在 $M=0$、$H=0$、$V=0$ 平面内分别给出了复合加载极限承载力包络面和不同循环次数（N）作用下的复合加载循环承载力包络面。从图中可知，复合加载模式下单桶基础循环承载力破坏包络面始终位于复合加载模式下的地基破坏包络面之内，且两者的变化趋势

基本相似；随着循环次数的增加，破坏包络面逐渐缩小。由此表明，与复合加载模式下极限承载力相比，当考虑荷载的循环特征和土的循环软化效应时，复合加载模式下极限承载力降低 30% 左右，这与前面单向循环荷载作用下的情况基本一致。

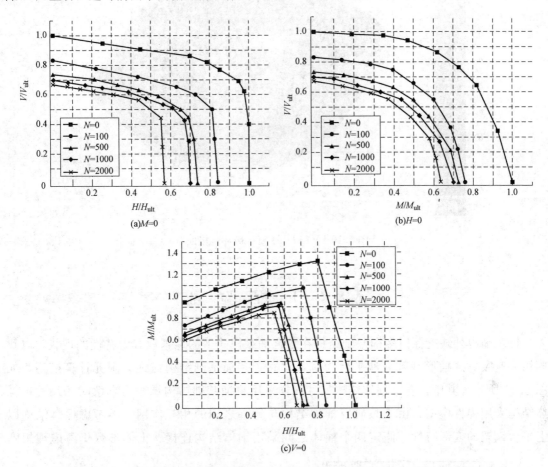

图 8.9　不同荷载空间内桶形基础地基破坏包络面

图 8.10 在 V-H-M 荷载空间内给出了复合加载和循环次数为 1000 的变值（循环）复合加载两种情况下地基的三维破坏包络面。由图可知，随着力矩分量的增加，V-H 平面内的破坏包络线逐渐缩小，最终退缩为一点，由此形成一个封闭的 1/4 椭球体；并且循环复合加载作用下地基的破坏包络面始终位于单调复合加载作用下破坏包络面之内部，两者相差 30% 左右。由此表明，由于荷载的循环软化效应导致土的循环强度退化，从而造成地基的极限承载力降低。根据实际的变值复合加载状态与复合加载状态下的地基破坏包络曲面之间的相对关系，将复合加载模式下地基的三维破坏包络面缩小一定比例，依此推测变值复合加载模式下地基的三维破坏包络面，从而判定实际荷载作用下桶形基础的工作状态。例如，循环次数 $N=1000$ 所对应的地基三维破坏包络面，即为复合加载模式下地基三维破坏包络面缩小 30% 左右所得到的。

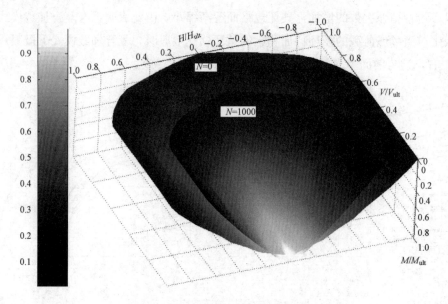

图 8.10 V-H-M 三维破坏包络面

🌱 8.4 工 程 验 证

针对国内外缺乏探讨多桶基础结构在复合加载模式下的地基承载力特性的现状，以我国第一座吸力式桶形基础采油平台为例，建立了多桶基础结构三维有限元计算模型，如图 8.11 所示。其中，各个桶体结构尺寸同样采用单桶基础结构承载力求解时的尺寸；桶体结构采用弹性模型，由于只研究桶体结构与地基之间的相互作用，不考虑桶体结构以上平台钢架的变形特性，假定四个桶体之间采用钢体结构连接。土体参数仍考虑理想弹

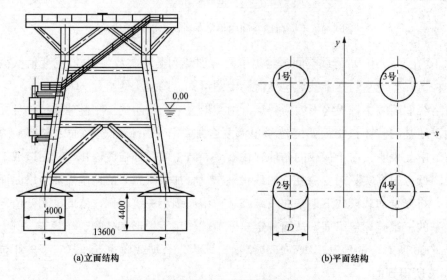

图 8.11 CB20B桶形基础平台结构参数

塑性材料，与单桶基础承载力特性研究所取参数一致；桶壁与桶内外土体之间的接触同样采用单桶基础结构承载力分析中所采用摩擦接触对模拟。地基土的计算范围水平向取桶径的 10 倍，竖向取 10 倍桶高，其有限元计算模型如图 8.12 所示。对于四桶基础地基承载力确定标准，采用双桶基础地基承载力确定标准。

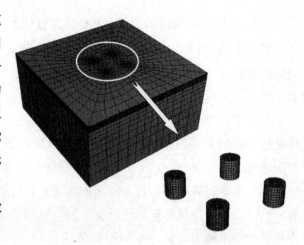

图 8.12　四桶基础有限元计算模型

8.4.1　CB20B 桶形基础采油平台设计工况

本小节参考 CB20B 桶形基础采油平台结构设计工况，将有限元计算结论运用到实际工况中，并验证所得到的结论的合理性和实用性。

CB20B 桶形基础采油平台结构是由三部分组成，即甲板模块、导管架支撑结构和桶基结构，本小节只对桶基结构的稳定性进行研究。在地基稳定性计算中，考虑施工就位与极端环境荷载两种情况，其稳定性研究的计算工况包括：

（1）施工就位波浪工况（工况 1）：风＋波浪＋流＋浮力＋结构自重＋设备重＋压载水及水箱重，水深 10.38m；

（2）极端波浪工况（工况 2）：风＋波浪＋流＋浮力＋结构自重＋设备重，水深 11.89m；

（3）极端海冰工况（工况 3）：风＋冰力＋流＋浮力＋结构自重＋设备重，水深 10.38m。

按照设定的荷载工况，表 8.2 给出了不同环境条件下，计算各工况的环境荷载并进行载荷组合。

表8.2				载　荷　组　合				kN
载荷	风力	波浪力	海流力	冰力	浮力	结构自重	设备/压载	工作水深/m
工况 1	4.69	153.59			686.97		4010.00	10.38
工况 2	71.00	1082.65			1213.80	1210.46	1093.00	11.98
工况 3	77.66		31.59	1295.76	977.16	1210.46	1093.00	10.38

在进行 CB20B 桶形基础稳定性计算中，将风、波浪、海流力、冰力作为水平荷载，风、波浪、海流力、冰力与工作水深的乘积作为力矩荷载，结构自重及设备/压载作为竖向荷载。

8.4.2　CB20B 海洋采油平台基础稳定性评价

图 8.13 和图 8.14 分别在 V-H、V-M 荷载空间内给出了 CB20B 海洋采油平台基础的地基破坏包络面与各种工况分布图，其中 N_H、N_V、N_M 分别为水平、竖向、力矩承载力系数。由图可知：①三种工况均位于地基破坏包络面之内，即三种工况下的桶形基础地基都处于稳定状态。②对于桶形基础安装就位时，如工况 1，竖向荷载是影响桶形基础地基稳定性的主要因素，而水平荷载、力矩荷载影响较小。③对于风、波浪等水平荷载极端状况，如工况 2、工况 3，由于平台结构所承受的浮力增大，造成竖向荷载减小，水平荷载、力矩荷载增加，且力矩荷载对 CB20B 桶形基础稳定性的影响要比水平荷载的显著。由此表明，在桶形基础设计施工时，可以通过求解桶形基础可能承受的水平、竖向、力矩荷载的承载力系数，并与不同荷载空间内的地基破坏包络面进行对比分析，如果荷载作用点位于破坏包络面之内，可以评定地基处于稳定状态，反之，地基可能发生失稳破坏。

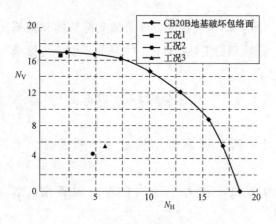
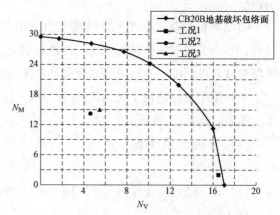

图 8.13　V-H 平面内地基破坏包络面　　　　图 8.14　V-M 平面内地基破坏包络面

图 8.15 给出了 V-H-M 荷载空间内的 CB20B 桶形基础地基的三维破坏包络面与三种实际工况的分布图。从图中可知，①三种工况均位于地基破坏包络面之内，即三种工况下的桶形基础地基都处于稳定状态。②采用地基三维破坏包络面评价 CB20B 吸力式桶形基础的有限元数值分析方法是合理和可行的，为桶形基础的设计和施工提供了简便的评价地基稳定性的理论依据和方法。

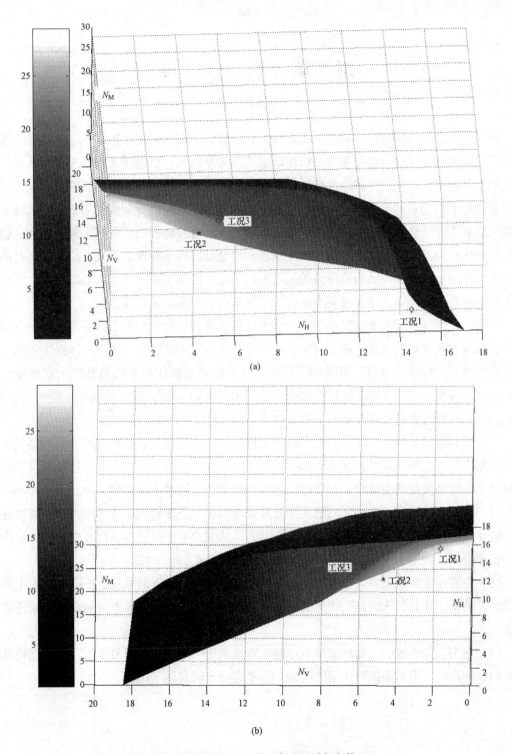

图 8.15　V-H-M 平面内地基破坏包络面

第 9 章 展　　望

　　针对深海工程结构地基失稳破坏机理及其评价方法，综合运用室内试验、数值计算与理论推导，研究了椭圆应力路径条件下海洋砂土的动力学特性；以深海工程结构吸力式桶形基础为典型基础形式，建立了深海工程结构吸力式桶形基础的抗液化数值计算模型，探讨了地震荷载作用下桶形基础对砂土抗液化性能的影响，揭示了单一循环荷载作用下桶形基础承载性能，建立了复合循环荷载作用下桶形基础失稳破坏包络线，提出了深海工程结构地基稳定性评价方法；与此同时，开展了深海软土地基新型基础结构承载性能研究。研究成果对海洋环境条件作用下深海工程结构稳定性的基础理论与评价提供了重要的理论基础，对保障我国的深海资源开发工作平台建设与安全运营及长远发展具有重要的战略意义。

　　尽管本研究进行了大量的试验分析与数值计算，研究了复杂初始条件下饱和砂土在椭圆应力路径这种复杂加载模式下的动强度、变形以及孔隙水压力特性，建立了深海工程结构吸力式桶形基础的抗液化数值计算模型，绘制了复合循环荷载作用下桶形基础失稳破坏包络线，提出了深海工程结构地基稳定性评价方法。但由于时间的关系，本书的工作尚不完善，仍有一些问题没有解决或没有涉及，需要在今后的工作中继续补充或发展：

　　（1）试验数量有限，本次研究更多的是定性分析，建立能真实反映在复杂应力路径情形下土的刚度衰减、能量耗散、变形增长和体积变形间耦合效应、孔隙水压力增长及其消散和扩散甚至液化和失稳等全过程的有效应力本构模型是今后进一步努力的方向。

　　（2）与液化相关的侧向和竖向地面变形及其地面应变是在地震中造成建筑物及其地基破坏的重要原因，引起这种变形的原因是多方面的，从实验室土样试验或离心机模型试验弄清变形机理进而从理论上发展其预测模型是今后研究的重点。

　　（3）在海洋饱和砂土中，桶形基础在单一竖向循环力影响下的承载力极限值远大于既有理论计算结果。针对海床地基为砂土的情况，桶形基础竖向承载力极限值的理论公式还需不断改进。

　　（4）现实工作环境中，桶形基础不可避免地要承担一定强度的扭剪作用，如何优化桶形基础的设计结构，提高抗扭剪作用的能力，需要进一步研究思考。

参 考 文 献

[1] 邹璐. 风电新能源的发展现状及其并网技术的发展前景研究 [J]. 无线互联科技, 2019, 16 (17): 130 - 131.

[2] 黄云, 胡其高, 张硕云. 南海海洋环境对岛礁工程结构与设施影响研究 [J]. 国防科技, 2018, 39 (03): 50 - 63.

[3] 黄维平, 刘超. 极端海洋环境对海洋平台疲劳寿命的影响 [J]. 海洋工程, 2012, 30 (03): 125 - 130.

[4] 齐庆华, 蔡榕硕, 颜秀花. 气候变化与我国海洋灾害风险治理探讨 [J]. 海洋通报, 2019, 38 (04): 361 - 367.

[5] Jeng D S. Mechanism of the wave - induecd seabed instability in the vicinity of a breakwater: a review [J]. Ocean Engineering, 2001, 28: 537 - 570.

[6] 冯秀丽. 海洋水动力条件下粉土响应模型 [D]. 青岛: 青岛海洋大学, 2000.

[7] Wyllie L A, et al. The Chile earthquake of March 3, 1985 [J]. Earthquake Spectra, 1986, 2 (2): 293 - 371.

[8] Iai S, Kameoka T. Finite element analysis of earthquakeinduced damage to anchored sheet pile quay walls [J]. Soils Found, 1993, 33 (1): 71 - 91.

[9] Iai S, et al. Effects of remedial measures against liquefaction at 1993 Kushiro - Oki Earthquake [C]. 5th U. S. - Japan Workshop on Earthquake Resistant Design of Lifeline Facilities and Counter Measuresagainst Soil Liquefaction, National Center for Earthquake Engineering Research, 1994, 135 - 152.

[10] Hall J F, ed. Northridge Earthquake of January 17, 1994 [R]. Earthquake Spectra, 1995, 11.

[11] Sugano T, Kaneko H, Yamamoto S. Damage to port facilities. The 1999 Ji - Ji Earthquake, Taiwan, investigation into the damage to civil engineering structures [J]. Japan. Soc. Civ. Eng., 1999, 5: 1 - 7.

[12] Boulanger R, Iai S, Ansal, A., Cetin, K. O., et al. Performance of waterfront structures [J]. Earthquake Spectra, 2000, 16: 295 - 310.

[13] Sumer B M, Kaya A, and Hansen N E O. Impact of liquefaction on coastal structures in the 1999 Kocaeli, Turkey Earthquake [C]. 12th Int. Offshore and Polar Engineering Conf., KitaKyushu, Japan, 2002, 2: 504 - 511.

[14] Katopodi, I., and Iosifidou, K. Impact of the Lefkada earthquake (14 - 08 - 2003) on marine works and coastal regions [C]. 7th Panhellenic Geographical Conf. Mytilene, Greece, 2004, 363 - 370.

[15] Mynett, A E, Mei, C C. Wave. induced stresses in a saturated poro - elastic seabed beneath a rectangular caisson [J]. Geotechnique, 1982, 33 (3): 293 - 305.

[16] Mase H. Sakai T, Sakamoto M. Wave—induced porewater pressures and effective stresses around breakwater [J]. Ocean Engineering, 1994, 21 (4): 361 - 379.

[17] Mizutani N. Mcdougal W, Mostafa A M. BEM - FEM combined analysis of nonlinear interaction between wave and submerged breakwater [C]. Proceeding of the 25th International conference of Coastat Engineering. ASCE. 1996, 2377 - 2390.

[18] Norimi Mizutani, Ayman M Mostafa. Dynamic interaction of nonlinear waves and a seawall over sand

seabed [J] . International Journal of Offshore and Polar Engineering，1998，8（1）：30 - 38.

[19] Norimi Mizutani, Ayman M Mostafa, Koichiro lwata. Nonlinear regular wave, submarged breakwater and seabed dynamic interaction [J] . Costal Engineering, 1998，33：177 - 202.

[20] Ayman M Mostafa, Norimi Mizutani, Koichiro lwata. Nonlinear wave, composite breakwater and seabed dynamic interaction [J] . Journal of Waterway, Port, Coastal and Ocean Engineering, 1999, 125 (2)：88 - 97.

[21] Ishihara K. Soil behaviour in earthquake engineering [M] . Clarendon, Oxford, U. K. , 1996, 350.

[22] Ishihara K. , Koseki J. Cyclic shear strength of finescontaining sands, earthquake geotechnical engineering [C] . 12th ICSMFE, Brazil, 1989, 101 - 106.

[23] 顾淦臣 . 论土石坝的地震液化验算和坝坡抗震稳定计算 [J] . 岩土工程学报，1981，(04)：33 - 42.

[24] 沈珠江 . 砂土动力液化变形的有效应力分析方法 [J] . 水利水运科学研究，1982 (04)：22 - 32.

[25] 徐志英，沈珠江 . 尾矿高堆坝地震反应的综合分析与液化计算 [J] . 水利学报，1983，(05)：30 - 39.

[26] 沈珠江，黄锦德，王钟宁 . 陡河水库土坝的地震液化及变形分析 [J] . 水利水运科学研究，1984，(01)：52 - 61.

[27] Casagrande A. Liquefaction and cyclic deformation of sands：A critical review [J] . Proceedings of the Panamerican Conference on Soil Mechanics and Foundation Engineering，1975，3：88 - 114.

[28] Castro G. Liquefaction and Cyclic Mobility of Saturated Sands [J] . ASCE J Geotech Eng Div, 1975, 6：551 - 569.

[29] Jiang J, et al. Soil - structure interaction analysis for interpretation od seismic effects to railway bridege damage [C] . Proc. 1st Int. Conf. on Earthquake Geotechnical Engineering. 1995，63 - 68.

[30] 门福录 . 饱水土层中的地震波和砂土液化 [C] . 地震工程文集，北京：地震出版社，1992，74 - 84.

[31] 黄宗明，赖明，白绍良 . 两相弹性颗粒介质 Vs 公式与砂土液化判别公式的探讨 [J] . 地震工程与工程振动，1996，114 - 119.

[32] Hwang J H, Chang C T. Sdudy on stress factor rd for liquefaction amalysis [C] . Proc. 1st Int. Conf. on Earthquake Geotechnical Engineering. 1990，617 - 622.

[33] 陈文化，孙巨平，徐兵 . 砂土地震液化的研究现状及发展趋势 [J] . 世界地震工程，1999，(01)：16 - 24＋40.

[34] Veyera G E, Charlie W A. Laboratory study of compressional liquefaction [J] . Journal of Geotechnical Engineering，1990，790 - 804.

[35] 石兆吉，等 . 剪切波速的液化势判别的机理和应用 [R] . 地震联合基金科研报告，1991.

[36] 吴世明等 . 振冲碎石桩粉砂地基地震液化简化分析与波速检测 [C] . 第三届全国土动力学会议文集 .

[37] Maiquma T M. Geophysical and geotechnical investigation of liquefied ground in Japan [C] . // Proc. 6th Japan - U. S workshop on earthquake resistant design of lifeline facilities and countermeasure against soil liquefaction. 1996，467 - 472.

[38] DeGregorio, Vincent B. Loading systems, sample preparation, and liquefaction [J] . Journal of Geotechnical Engineering, 1990, 116 (5)：805 - 821.

[39] Xia H，Hu T. Effects of saturation and back pressure on sand liquefaction [J] . Journal of Geotechnical Engineering，1991，117 (9)：467 - 472.

［40］刘惠珊, 陈克景. 液化土中的桩基试验［J］. 工程抗震, 1991, 19 - 23.

［41］Men F, Cui J. Seismic liquefaction of subsoils of buildings［M］. strucural Dynamic. Balkema Press. 1996, 1051 - 1058.

［42］Finn W D, et al. Analysis of porewater pressurein seismic centrifuge tests［J］. Soil Dynamic Liquefaction Elsevier. 1987, 71 - 58.

［43］Liu L, Dobry R. Centrifuge of shallow foundations on saturated sand during earthquake［C］. Proc. 4th Japan - U. S workshop on earthquake resistant design of lifelinc facilities and countermeasure against soil liquefaction. 1995, 493 - 508.

［44］Taylor C A, et al. Shaking table modeling of seismic geotechnical problems［C］. 10th WCEE, 1995, 441 - 476.

［45］Wolf J P. Cone models as strength - of - materials approach to foundation vibration［C］. 10th WCEE, 1995, 583 - 592.

［46］孙伟超, 袁颖. 基于 PCA - LM - BP 融合的砂土液化预测评价模型［J］. 中国科技论文, 2018, 13 (13): 1511 - 1515.

［47］于永. 基于模糊事故树法的液化烃储罐火灾爆炸事故风险分析［J］. 消防技术与产品信息, 2018, 31 (8): 15 - 17.

［48］刘惠珊. 预估液化震陷经验公式再探讨［J］. 工程抗震, 1997, (04): 34 - 37＋33.

［49］Ikuo T. Theory and model tests on mitigation measures against lateral flow of liquefied ground［C］. Proc. 6th Japan - U. S workshop on earthquake resistant design of lifeline facilities and countermeasure against soil liquefaction, 1996.

［50］石兆吉, 张延军, 郁寿松, 等. 土层液化对地面运动特性的影响［J］. 地震工程与工程振动, 1994 (04): 14 - 23.

［51］Martin G R, Finn W D L, Seed H B. Fundamentals of Liquefaction Under Cyclic Loading［J］. ASCE J Geotech Eng Div, 1975, 101 (5): 423 - 438.

［52］Carstens T A, Brebner J W, Kamphuis. Seabed Mobility Under Vertical Pressure Gradients［C］. Proceeding of behaviour of offshore structures (Boss′76), 1976, 423 - 438.

［53］A Bezuijen, A G I Hjortnaes - Pedersen, F Molenkamp. Cyclic Triaxial Tests at Low Tresses for Parameter Determination: Soil Dynamics and Liquefaction［J］. Developments in Geotechnical Engineering, 1987, 42: 283 - 298.

［54］陈仲颐, 等. 波浪引起的饱和土体残余孔压计算［C］. 中国土木工程学会第五届土力学及基础工程学术会议讨论论文选集, 北京, 中国建筑工业出版社, 1990.

［55］Muir Wood D. Approach to Modelling the Cyclic Stress - Strain Response of Soil［C］. Cyclic loading of soils, Glasgow, Blackie Publisher, 1991: 19 - 69.

［56］张琦, 等. 波浪作用下现代黄河三角洲水下斜坡不稳定性预测模型［D］. 海口底坡不稳定性研究论文集, 青岛海洋大学出版社, 1989.

［57］冯秀丽, 沈渭铨, 杨荣民. 现代黄河水下三角洲砂土液化模式［J］. 青岛海洋大学学报, 1995, (02): 221 - 228.

［58］Yang Shaolin, Shen Weiquan, Yang Zuosheng. The Mechanism Analysis of Seafloor Slit Liquefaction

Under Wave Loading [J]. China Ocean Engineering, 1995, 9 (4): 375 - 386.

[59] 李文泱, 刘惠珊. 孔隙水压力对饱和砂的剪切模量和阻尼比的影响 [J]. 岩土工程学报, 1983, (04): 56 - 67.

[60] 黄锋, 楼志刚. 排水条件对海洋粉质土动力特性的影响 [J]. 岩土工程学报, 1997, (01): 24 - 31.

[61] 鲁晓兵, 杨振声. 饱和砂土中孔隙水压力的计算方法 [J]. 岩土工程技术, 1999, (01): 48 - 50.

[62] 堪本享, 出口一郎. 波浪作用下圆柱周围局部冲刷试验研究 [C]. 第31届土木学会年会学术论文集 (二), 1976.

[63] 水口优, 小岛匡人. 波浪作用下小口径圆柱周围局部冲刷试验研究 [C]. 第32届海岸工程学术论文集, 1985.

[64] 黄建维, 郭颖. 波浪作用下海上墩式建筑物周围局部冲刷的试验研究 [J]. 海洋工程, 1994, (04): 29 - 41.

[65] Sumer B M, Fredsøe J. Wave scour around group of vertical piles [J]. Journal of Waterway, Port, Coastal and Ocean Engineering, 1998, 124 (5): 248 - 256.

[66] 高学平, 赵子丹. 直立堤前反射拨作用下的冲刷 [R]. 港湾技术研究所报告, 1984.

[67] 谢世楞. 直立式防波堤前的冲刷形态及其对防波堤整体稳定的影响 [J]. 海洋学报: 中文版, 1983, (06): 136 - 151.

[68] Parmelee R A. Building - foundation interaction effects [J]. J. Eng. Meth. Div. ASCE, 1967, 93 (EM2).

[69] Zeitoun DG, Baker RA. Stochastic approach for settlement predictions of shallow foundations [J]. Geotechnique, 1992, 42 (4): 617 - 629.

[70] Gao D Z, Li J P. Reliability analysis on pile bearing capacily, Proc. of the conference on Probability method in geotechnical engineering [J]. Australia, 1993, 295 - 301.

[71] 栾茂田, 金丹, 许成顺, 等. 双向耦合剪切条件下饱和松砂的液化特性试验研究 [J]. 岩土工程学报, 2008, 30 (6): 790 - 794.

[72] 王牧鹏, 骆亚生, 刘建龙, 等. 双向动荷载下重塑红黏土动变形特性研究 [J]. 地震工程学报, 2017, 39 (6): 1046 - 1053.

[73] 张凌凯, 王睿, 张建民, 等. 不同应力路径下堆石料的动力变形特性试验研究 [J]. 工程力学, 2019, 36 (3): 114 - 120.

[74] 许书雅, 王平, 王峻, 等. 强震作用下不同处理方式黄土地基抗震陷性能评价 [J]. 地震工程学报, 2018, 40 (6): 1198 - 1205.

[75] 佘芳涛, 王松鹤, 李军琪, 等. 贮灰场子坝粉煤灰动力特性试验研究 [J]. 地震工程学报, 2018, 40 (5): 1018 - 1025.

[76] 穆坤, 郭爱国, 柏巍, 等. 循环荷载作用下广西红黏土动力特性试验研究 [J]. 地震工程学报, 2015, 37 (2): 487 - 493.

[77] 杨正权, 刘启旺, 刘小生, 等. 超深厚覆盖层中深埋细粒土动力变形和强度特性三轴试验研究 [J]. 地震工程学报, 2014, 36 (4): 824 - 831.

[78] 杨文保, 吴琪, 陈国兴. 长江入海口原状土动剪切模量预测方法探究 [J]. 岩土力学, 2019, 40 (10): 1 - 8.

[79] 许成顺，豆鹏飞，杜修力，等．液化自由场地震响应大型振动台模型试验分析 [J]．岩土力学，2019，40 (10)：1-12.

[80] 周正龙，陈国兴，赵凯，等．循环加载方向角对饱和粉土不排水动力特性的影响 [J]．岩土力学，2018，39 (1)：36-44.

[81] 张鑫磊，王志华，许振巍，等．液化砂土流动效应的振动台试验研究 [J]．岩土力学，2016，37 (8)：2347-2352.

[82] 周燕国，梁甜，李永刚，等．含黏粒砂土场地液化离心机振动台试验研究 [J]．岩土工程学报，2013，35 (9)：1650-1658.

[83] 马立秋，张建民，张嘎，等．爆炸离心模型试验系统研究与初步试验 [J]．岩土力学，2011，32 (3)：946-950.

[84] 曹文冉，田伟，李春．双向叠层剪切箱的研制及模型土体振动台试验研究 [J]．岩土工程学报，2017，39 (增刊2)：249-253.

[85] 林万顺．多道瞬态面波技术在水利及岩土工程勘察中的应用 [J]．工程勘察，2000，4：38-40.

[86] 刘发祥，何鹏，伍锡举，等．面波-声波联合法测定岩基的动力参数 [J]．土工基础，2007，21 (5)：66-68.

[87] 郭士礼，李修忠．探地雷达在城市道路塌陷隐患探测中的应用 [J]．地球物理学进展，2019，34 (4)：1609-1613.

[88] 王富强，张建民．坝基覆盖层土体地震液化评价与工程措施 [J]．水力发电，2018，44 (11)：35-38.

[89] 刘红军，王超．海上风电单桩基础周围土体地震液化分析 [J]．中国海洋大学学报，2017，47 (4)：93-99.

[90] 陈育民，周晓智，徐君．土工格栅控制液化土体流动变形的试验研究 [J]．岩土工程学报，2017，39 (10)：1922-1929.

[91] 高中南，周仲华，王峻，等．粉煤灰改良饱和黄土的抗液化特性 [J]．地震工程学报，2018，40 (1)：105-110.

[92] 王晋宝，宋鑫彤，田美灵，等．包裹碎石桩加固的砂土液化机理试验研究 [J]．地震工程学报，2019，41 (1)：76-85.

[93] 董怀全．辽东湾冰区海洋平台冰激振动作用下风险评估研究 [D]．山东：中国海洋大学，2013.

[94] 王晓燕．海洋工程的安全风险评估研究 [J]．山东科学，2005 (05)：43-47.

[95] 刘海丰．面向老龄平台延寿工程的结构风险评估技术研究 [D]．中国石油大学，2009.

[96] 孙彦杰．基于火灾、爆炸灾害下海洋平台定量风险评估 [D]．大连：大连理工大学，2008.

[97] 张崇文，毕政根．对加固可液化地基计算的动力层元法 [J]．岩土力学，1996，17 (4)：22-29.

[98] Ronald D A, Riley M C. Liquefaction remediation near existing lifeline structure [C]．Proc. 6th Japan-U. S workshop on earthquake resistant design of lifeline facilities and countermeasure against soil liquefaction, 1996：459-467.

[99] 贺斌．地震作用下海洋环境码头桩-土动力相互作用分析 [D]．湖北：武汉大学，2004.

[100] 栾茂田，郭莹，李木国，等．土工静力-动力液压三轴-扭转多功能剪切仪研发及应用 [J]．大连理工大学学报，2003，43 (5)：670-675.

[101] 郭莹．复杂应力条件下饱和松砂的不排水动力特性试验研究 [D]（博士学位论文）．大连：大连理

工大学，2003.

[102] 邵生俊. 砂土的物态本构模型及应用［M］. 西安：陕西科学技术出版社，2001.

[103] 李万明，周景星. 初始主应力偏转对粉土动力特性的影响［C］. 第四届全国土动力学学术会议论文集，杭州：浙江大学出版社，1994：47-50.

[104] 郭莹，栾茂田，许成顺，等. 主应力方向变化对松砂不排水动强度特性的影响［J］. 岩土工程学报，2003，25（6）：666-670.

[105] Ishihara K，Towhata I. Sand response to cyclic rotation of principal stress directions as induced by wave loads［J］. Soils and Foundations，1983，23（4）：11-26.

[106] Madsen O S. Wave-induced pore pressures and effective stresses in a porous bed［J］. Geotechnique，1978，28（4）：377-393.

[107] Boulanger，R. W. and SEED，R. B. Liquefaction of sand under bi-directional monotonic and cyclic loading［J］. Journal of Geotechnical Engineering，ASCE，1995，121（12）：870-878.

[108] 陈生水，彭成，傅中志. 基于广义塑性理论的堆石料动力本构模型研究［J］. 岩土工程学报，2012，34（11）：1961-1968.

[109] 孙逸飞，沈扬. 基于分数阶微积分的粗粒料静动力边界面本构模型［J］. 岩土力学，2018，39（04）：1219-1226.

[110] 庄心善，王俊翔，李凯，等. 风化砂改良膨胀土的滞回曲线特征对比研究［J］. 岩石力学与工程学报，2019，38（S2）：3709-3716.

[111] 王凯，刁心宏，赖建英，黄纲领. FLAC3D应变软化与摩尔库伦模型工程应用对比［J］. 中国科技论文，2015，10（01）：55-59＋63.

[112] 吴强，吴章利. 摩尔库伦本构模型参数敏感性分析及修正［J］. 陕西水利，2012（02）：148-149.

[113] 付海清，袁晓铭. 重塑饱和砂土的现场液化试验研究［J］. 应用基础与工程科学学报，2018，26（02）：403-412.

[114] 李万宁，赵洪. 饱和砂土地震液化机理分析及地基处理的应用［J］. 河南水利与南水北调，2015（10）：59-60.

[115] 周云东，袁印龙，王志华. 饱和砂土地震液化后地面大位移特性研究［J］. 防灾减灾工程学报，2012，32（06）：720-724.

[116] 郝兵，任志善，李从昀. 几种地震液化判别方法的对比［J］. 岩土工程技术，2019，33（05）：278-283.

[117] 禹建兵，刘浪. 不同判别准则下的砂土地震液化势评价方法及应用对比［J］. 中南大学学报（自然科学版），2013，44（09）：3849-3856.

[118] 冯忠居，董芸秀，何静斌，等. 强震作用下饱和粉细砂液化振动台试验［J］. 哈尔滨工业大学学报，2019，51（09）：186-192.

[119] 王冬勇，陈曦，于玉贞，等. 基于二阶锥规划有限元增量加载法的条形浅基础极限承载力分析［J］. 岩土力学，2019，40（12）：4890-4896＋4924.

[120] 练继建，贺蔚，吴慕丹，等. 带分舱板海上风电筒型基础承载特性试验研究［J］. 岩土力学，2016，37（10）：2746-2752.

[121] 申志超，汪海洋，杜姜开林，等. 破坏包络面理论在离岸浅基础设计中的应用探讨［J］. 中国港湾建设，2018，38（05）：20-24.

[122] 丁红岩，王旭月，张浦阳，等．砂土中宽浅式复合筒型基础三维包络面研究［J］．太阳能学报，2018，39（04）：1097－1104.

[123] 刘润，王磊，丁红岩，等．复合加载模式下不排水饱和软黏土中宽浅式筒型基础地基承载力包络线研究［J］．岩土工程学报，2014，36（01）：146－154.

[124] 王根龙，林玮，蔡晓光．基于 Finn 本构模型的饱和砂土地震液化分析［J］．地震工程与工程振动，2010，30（03）：178－184.

[125] 王宏举．基于 Finn 液化本构模型的寒区堤防工程砂土液化数值模拟［J］．中国水能及电气化，2019（06）：31－35.

[126] 张向东，张晋，苏伟林．基于 PL－Finn 模型的饱和砂土液化数值分析［J］．辽宁工程技术大学学报（自然科学版），2017，36（07）：724－728.

[127] 刘金韬．饱和砂土地震液化的临界孔压判别模式［J］．水利水电技术，2014，45（01）：122－126.

[128] 刘梅梅，练继建，杨敏，等．宽浅式筒型基础竖向承载力研究［J］．岩土工程学报，2015，37（02）：379－384.

[129] 詹云刚，袁凡凡，栾茂田．V－M 荷载作用下双层黏土地基破坏包络线研究［J］．海洋工程，2008（01）：64－70.

[130] 李驰，鲁晓兵，王淑云．动载作用下桶形基础周围土体变形的数值模拟［J］．工程力学，2010，27（10）：167－172.

[131] 刘润，练继建，陈广思．考虑冲刷影响的筒型基础竖向极限承载力研究［J］．海洋工程，2019，37（03）：69－77.

[132] 刘润，祁越，李宝仁，等．复合加载模式下单桩复合筒型基础地基承载力包络线研究［J］．岩土力学，2016，37（05）：1486－1496.

[133] 刘润，王磊，丁红岩，等．复合加载模式下不排水饱和软黏土中宽浅式筒型基础地基承载力包络线研究［J］．岩土工程学报，2014，36（01）：146－154.

[134] 栾茂田，赵少飞，袁凡凡，等．复合加载模式作用下地基承载性能数值分析［J］．海洋工程，2006，24（1）：34－40.

[135] 武科．滩海吸力式桶形基础承载力计算方法及其应用［M］．北京：海洋出版社，2014.

[136] 栾茂田，金崇磐，林皋．非均质地基上浅基础的极限承载力［J］．岩土工程学报，1988，10（4）：14－27.

[137] 何生厚，洪学福．浅海固定式平台设计与研究［M］．北京：中国石化出版社，2003.